普通高校应用型人才培养试用教材

概率论与数理统计

Probability Theory and Mathematical Statistics

主　编　谢志春　高　萍　李东征

副主编　何友谊　黄书伟

柯昌武　杨　蕾

主　审　管典安

大连理工大学出版社

图书在版编目(CIP)数据

概率论与数理统计 / 谢志春,高萍,李东征主编
. — 大连:大连理工大学出版社,2018.8(2019.1重印)
普通高校应用型人才培养试用教材
ISBN 978-7-5685-1697-6

Ⅰ.①概… Ⅱ.①谢… ②高… ③李… Ⅲ.①概率论
—高等学校—教材②数理统计—高等学校—教材 Ⅳ.
①O21

中国版本图书馆 CIP 数据核字(2018)第 178919 号

大连理工大学出版社出版
地址:大连市软件园路 80 号 邮政编码:116023
发行:0411-84708842 邮购:0411-84708943 传真:0411-84701466
E-mail:dutp@dutp.cn URL:http://dutp.dlut.edu.cn
大连力佳印务有限公司印刷 大连理工大学出版社发行

幅面尺寸:185mm×260mm 印张:10.75 字数:247 千字
2018 年 8 月第 1 版 2019 年 1 月第 2 次印刷

责任编辑:王晓历 责任校对:王晓彤
封面设计:张 莹

ISBN 978-7-5685-1697-6 定 价:29.80 元

本书如有印装质量问题,请与我社发行部联系更换。

前 言

  概率论与数理统计是全国高等院校工科、理科、经管类等专业一门重要的数学基础课,也是考研必考的课程。本教材在内容编排上,遵循"拓宽基础,立足应用,加强能力"的原则,将学科知识与教学方法相结合,重视体现探究性学习和案例教学等先进的现代教育理念;注重启发学生自主学习,强化对探索、分析、应用、创新能力的培养;由浅入深、循序渐进地介绍了概率论和数理统计的基本概念、基本理念和基本方法。

  本教材共 9 章:随机事件及其概率;随机变量及其分布;多维随机变量及其分布;随机变量的数字特征;大数定律及中心极限定理;样本及抽样分布;参数估计;假设检验;线性回归分析。教材的每章后面都配有习题,分为 A 组和 B 组,其中 A 组习题可供课后练习使用,B 组习题可供考研练习使用。

  本教材由厦门工学院谢志春、高萍、李东征任主编;湖南文理学院何友谊,厦门工学院黄书伟、柯昌武、杨蕾任副主编。具体编写分工如下:第 1 章至第 3 章由李东征编写,第 4 章、第 5 章由何友谊编写,第 6 章、第 7 章由谢志春编写,第 8 章、第 9 章由高萍编写,黄书伟、柯昌武、杨蕾对书中例题进行了验证,全书由谢志春统稿并定稿。厦门工学院管典安教授仔细地审阅了书稿,提出了宝贵意见,谨致谢忱。

  在编写本教材的过程中,我们参考、借鉴了许多专家、学者的相关著作,对于引用的段落、文字尽可能一一列出,谨向各位专家、学者一并表示感谢。

  限于水平,书中仍有疏漏和不妥之处,敬请专家和读者批评指正,以使教材日臻完善。

编 者

2018 年 8 月

所有意见和建议请发往:dutpbk@163.com

欢迎访问教材服务网站:http://www.dutpbook.com

联系电话:0411-84708462 84708445

目 录

随机事件及其概率

第 1 章

概率论与数理统计是近代数学的一个重要分支。概率的概念最早形成于 17 世纪,是欧洲的数学家在讨论贵族们的赌博问题时而引发的数学问题。1654 年 7 月 29 日帕斯卡给费尔马写信,转达了德梅尔的一个问题:投掷两枚骰子 24 次,至少掷出一对 6 的概率小于二分之一,这就引发了对概率问题的研究;数理统计则是研究如何从数据中提取有用信息的科学,比如要统计一个大的鱼塘中饲养的鱼的数量,可以先从鱼塘中捕捞 1 000 条鱼,点上红漆后放回,第二天再从鱼塘中随机捕捞 100 条,从这 100 条中有红漆的数量来推算出鱼塘的鱼的数量,这就是数理统计的问题. 随着现代科学的发展,概率论与数理统计已渗透并服务于各个学科,包括物理学、化学、医学、生物学、体育、经济学、管理学、社会学和心理学等领域.

1.1 随机现象与随机事件

1.1.1 随机现象

我们所观察的客观世界的各种现象可分为两大类,一类叫**确定性现象**,比如在一个标准大气压下,把水加热到 100℃,水烧开了,这是必定会出现的现象,也叫**必然现象**;再比如在一个标准大气压下,室温为 20℃ 的条件下,桌面上的铸铁融化了,这是必定不会出现的现象,也叫**不可能现象**。必然现象与不可能现象都是确定性现象. 而另一类叫**随机现象**,比如在光滑的桌面上抛一枚硬币,正面朝上,这是可能出现也可能不出现的现象,我们把这种现象叫作随机现象. 随机现象一般具有统计规律性,比如我们抛硬币很多次,可以发现正面朝上的次数几乎出现一半.

1.1.2 随机试验

若试验均具有以下三个特点：

(1)试验可以在相同条件下重复进行；

(2)试验的所有可能结果是事先明确可知的,并且不止一个；

(3)每次试验之前不能确定哪一个结果一定会出现.

我们把具有上述三个特点的试验,称为**随机试验**,也简称为**试验**,通常用 E 表示.

随机试验是一个含义较广的术语,它包括对随机现象进行观察、测量、记录或进行科学实验等.本书提到的试验都是指随机试验.

1.1.3 随机事件

我们把随机试验 E 的样本空间中满足某些条件的子集称为**随机事件**,简称**事件**.通常用 $A,B,C,\cdots$ 表示.比如抛一枚硬币一次,正面朝上是一个结果,正面朝下也是一个结果,它们都是一个随机事件.

随机事件也分为**确定性事件(必然事件、不可能事件)**和**随机事件**两大类.

在随机事件中最小的事件单位(一次试验的一个结果且不可再分割的随机事件)称为**基本事件**,记为 e_i. 比如抛一枚硬币一次,正面朝上是一个基本事件,正面朝下也是一个基本事件.

由所有基本事件构成的集合 $\Omega=\{e_1,e_2,\cdots,e_n\}$ 称为**样本空间**.比如抛一枚硬币一次的试验的样本空间 $\Omega=\{$正面朝上,正面朝下$\}$.样本空间 Ω 也叫必然事件.(大家想一想为什么?)

【例1-1】 连续投掷一枚硬币3次,写出随机试验的样本空间.

解 $\Omega\{$正正正,正正反,正反正,反正正,正反反,反正反,反反正,反反反$\}$

一共有8个基本事件.这是因为每次投掷结果都有2个,3次就有 $2\times2\times2=8$ 个.

一般地,随机事件都可以看作由一些基本事件构成,比如上例中随机事件 $A=\{$至少有2次正面朝上$\}=\{$正正正,正正反,正反正,反正正$\}$.所以随机事件 A 是样本空间 Ω 的一个子集.

特别地,不可能事件用 $\varnothing$ 表示, $\varnothing=\{\ \}$ 不含任何基本事件.

【例1-2】 在实数区间(1,5)内任意取点,记录它的坐标,写出取点的样本空间.

解 $\Omega=\{x\mid 1<x<5,x\in\mathbf{R}\}$

课堂练习

1.投掷一枚骰子一次,写出样本空间 Ω 和随机事件 $A=\{$掷出的点数大于3$\}$的基本事件.

2. 投掷甲、乙两枚骰子各一次,写出样本空间 Ω 和随机事件 $A=\{$掷出的点数之和是偶数$\}$的基本事件.

3. 写出下列随机试验的样本空间 Ω:

(1)生产产品直到有 10 件正品为止,记录生产产品的总件数.

(2)在单位圆内任意取一点,记录它的坐标.

1.2　事件的关系与事件的运算

事件是一个集合,所以事件的关系与运算都可以由集合的关系与运算来处理,但实际含义必须按随机事件的含义来描述.

1.2.1　事件的关系

1. 包含关系

若事件 A 的发生必定导致事件 B 的发生,则称事件 A 包含于事件 B,即 $\forall x \in A \Rightarrow x \in B$($x$ 为随机事件),记为 $A \subset B$.

比如 A 表示圆柱体产品长度及直径均合格,B 表示圆柱体产品长度合格,则 $A \subset B$.如图 1-1 所示.

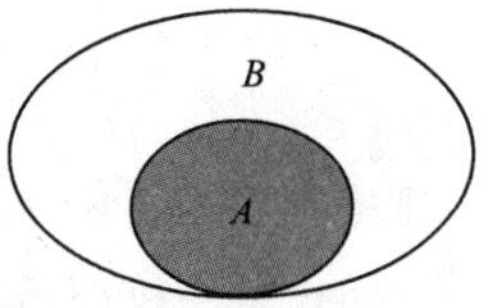

2. 相等关系

当 $A \subset B$,$B \subset A$ 时,称事件 A 与事件 B 相等,记为 $A = B$.

1.2.2　事件的运算

图 1-1　$A \subset B$ 关系

1. 事件的和

把事件 A 发生或事件 B 发生组成的事件 C 称为事件 A 与事件 B 的和(或称为事件 A 与事件 B 的并),即事件 A 或事件 B 至少有一个发生,记为 $A \cup B$ 或 $A+B$.如图 1-2 所示.

比如 A 表示圆柱体产品直径合格,B 表示圆柱体产品长度合格,则 $A \cup B$ 表示圆柱体产品直径或长度至少有一个合格.

2. 事件的积

把事件 A 发生且事件 B 发生组成的事件 C 称为事件 A 与事件 B 的积(或称为事件 A 与事件 B 的交),即事件 A 或事件 B 同时发生,记为 $A \cap B$ 或 AB.$C = A \cap B = \{x \mid x \in A$ 且 $x \in B\}$.如图 1-3 所示.

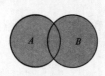

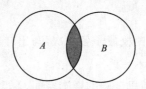

图 1-2　$A\bigcup B$ 关系　　　　　图 1-3　$A\bigcap B$ 关系

比如 A 表示圆柱体产品直径合格，B 表示圆柱体产品长度合格，则 $A\bigcap B$ 表示圆柱体产品直径和长度都合格，也就是产品合格．

3. 事件的差

把事件 A 发生且事件 B 不发生组成的事件 C 称为事件 A 与事件 B 的差，记为 $A-B$．$C=A-B=\{x\mid x\in A \text{ 且 } x\notin B\}$．如图 1-4 所示．

比如 A 表示圆柱体产品直径合格，B 表示圆柱体产品长度合格，则 $A-B$ 表示圆柱体产品直径合格且长度不合格产品．

4. 事件的逆

设 A 是样本空间 Ω 的随机事件，则把 $\Omega-A$ 叫作 A 的逆，即 A 不发生，记为 $\overline{A}$，即 $\overline{A}=\Omega-A$，$\overline{A}$ 又叫作 A 的**对立事件**，如图 1-5 所示．

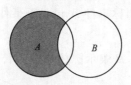

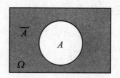

图 1-4　$A-B$ 关系　　　　　图 1-5　$\overline{A}$ 关系

显然有　$A\bigcup \overline{A}=\Omega,A\bigcap \overline{A}=\varnothing$．

比如投掷一枚硬币，A 表示正面朝上，则 $\overline{A}$ 表示正面朝下．

5. 互不相容事件

若 $A\bigcap B=\varnothing$，即事件 A 和事件 B 不同时发生，则称事件 A 和事件 B 为互不相容事件，也叫作事件 A 和事件 B 互斥．如图 1-6 所示．

比如投掷一枚骰子，A 表示出现点数为 1，B 表示出现点数为 2，则事件 A 和事件 B 为互不相容事件．

注意：对立事件与互不相容事件的区别与联系：对立事件一定是互不相容事件，而互不相容事件不一定是对立事件．

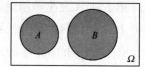

图 1-6　$A\bigcap B=\varnothing$关系

6. 事件的运算规律

同一律　$A\bigcup A=A,A\bigcap A=A$；

交换律　$A\bigcup B=B\bigcup A,A\bigcap B=B\bigcap A$；

吸收律　$A\bigcup\Omega=\Omega,A\bigcap\Omega=A;A\subseteq B\Rightarrow A\bigcup B=B,A\bigcap B=A$；

结合律　$A\bigcup(B\bigcup C)=(A\bigcup B)\bigcup C,A\bigcap(B\bigcap C)=(A\bigcap B)\bigcap C$；

分配律　$A\bigcup(B\bigcap C)=(A\bigcup B)\bigcap(A\bigcup C),A\bigcap(B\bigcup C)=(A\bigcap B)\bigcup(A\bigcap C)$；

反演律 　 （德·摩根定律）$\overline{A \cup B} = \overline{A} \cap \overline{B}, \overline{A \cap B} = \overline{A} \cup \overline{B}$.

课堂练习

1. 从 5 件次品、95 件正品的产品中任取 5 件，写出随机试验的样本空间 Ω，设 A 表示取出的产品至少有一件次品，B 表示取出的产品最多有一件次品，求（1）$\overline{A}$；（2）$A \cup B$；（3）$A \cap B$；（4）$A - B$.

2. 设 $A = \{$圆柱体合格品$\}$，$B = \{$圆柱体长度合格品$\}$，$C = \{$圆柱体直径合格品$\}$，试描述下列集合为哪些产品：（1）$A \cup B$；（2）$A \cap C$；（3）$B - A$.

1.3　频率与概率

在一次随机试验中，事件 A 可能发生也可能不发生，事件 A 发生的可能性的大小就是我们所关心的问题. 比如抛一枚硬币一次，正面朝上的可能性有多大呢？为了描述这个问题，我们先引出频率与概率的一般性概念.

1.3.1　频率

定义　在相同的条件下，进行了 n 次试验，在这 n 次试验中，事件 A 发生了 n_A 次，则称 n_A 为事件 A 发生的**频数**，比值 $\dfrac{n_A}{n}$ 称为事件 A 发生的频率，记为 $f_n(A)$.

由定义易知频率有以下三个基本性质：

（1）非负性：$f_n(A) \geqslant 0$；

（2）规范性：$f_n(\Omega) = 1$；

（3）有限可加性：若 $A_1, A_2, \cdots, A_k$ 是两两互不相容事件，则
$$f_n(A_1 \cup A_2 \cup \cdots \cup A_k) = f_n(A_1) \cup f_n(A_2) \cup \cdots \cup f_n(A_k).$$

频率的大小体现了事件发生的可能性大小，曾经有多人做过大量的抛硬币的试验，发现正面朝上的频率接近 0.5. 而且随着试验次数 n 的增加，频率越来越趋于稳定. 这种**频率的稳定性**就是通常所说的**统计规律性**.

1.3.2　概率

定义 1　我们把事件 A 发生的**频率稳定数**定义为事件 A 发生的**概率**，记为 $P(A)$. 这样定义的概率和频率一样具有三个基本性质.

一直到完备性理论的出现，概率才有了完备性定义.

定义 2 设有随机试验 E,样本空间 Ω,对于 E 的任一随机事件 $A \subset \Omega$,我们定义一个函数 $P(A)$ 满足下列条件:

(1) 非负性:$P(A) \geqslant 0$;

(2) 规范性:$P(\Omega) = 1$;

(3) 可列可加性:若 $A_1, A_2, \cdots$ 是两两互不相容事件,即 $A_i A_j = \varnothing, i \neq j, i, j = 1, 2, \cdots$ 则有

$$P(A_1 \bigcup A_2 \bigcup \cdots) = P(A_1) + P(A_2) + \cdots$$

则称 $P(A)$ 为事件 A 的概率.

1.3.3 概率的性质

性质 1 $P(\varnothing) = 0$;

性质 2 (有限可加性)若 $A_1, A_2, \cdots, A_n$ 是两两互不相容事件,即

$$A_i A_j = \varnothing, i \neq j, i, j = 1, 2, \cdots, n \text{ 则有}$$

$$P(A_1 \bigcup A_2 \bigcup \cdots \bigcup A_n) = P(A_1) + P(A_2) + \cdots + P(A_n).$$

性质 3 若随机事件 $A \subset B$,则有

$$P(B - A) = P(B) - P(A)$$

$$P(A) \leqslant P(B)$$

证明 由 $A \subset B$ 知 $B = A \bigcup (B - A)$,且 $A(B - A) = \varnothing$,由概率的可列可加性得

$$P(B) = P(A) + P(B - A) \Rightarrow P(B - A) = P(B) - P(A)$$

且由 $P(B - A) \geqslant 0 \Rightarrow P(B) \geqslant P(A)$.

性质 4 对任意随机事件 A 都有 $P(A) \leqslant 1$.

性质 5 (逆事件的概率)$P(\overline{A}) = 1 - P(A)$.

证明 由 $A \bigcup \overline{A} = \Omega, A \overline{A} = \varnothing$ 得 $1 = P(\Omega) = P(A) + P(\overline{A}) \Rightarrow P(\overline{A}) = 1 - P(A)$

性质 6 (加法公式)对任意随机事件 A, B 都有

$$P(A \bigcup B) = P(A) + P(B) - P(AB)$$

证明 由 $A \bigcup B = A \bigcup (B - AB), A(B - AB) = \varnothing$ 得

$$P(A \bigcup B) = P(A) + P(B - AB) = P(A) + P(B) - P(AB).$$

性质 6 可以推广到多个事件的情形.例如,设 A, B, C 为任意三个事件,则有

$$P(A \bigcup B \bigcup C) = P(A) + P(B) + P(C) - P(AB) - P(AC) - P(BC) + P(ABC)$$

一般地,对任意 n 个事件 $A_1, A_2, \cdots, A_n$,可由归纳法证得

$$P(A_1 \bigcup A_2 \bigcup \cdots \bigcup A_n) = \sum_{i=1}^{n} P(A_i) - \sum_{1 \leqslant i < j \leqslant n} P(A_i A_j) + \sum_{1 \leqslant i < j < k \leqslant n} P(A_i A_j A_k) +$$

$$\cdots + (-1)^{n-1} P(A_1 A_2 \cdots A_n)$$

【例 1-3】 设 A, B 为两事件,且设 $P(B) = 0.3, P(A \bigcup B) = 0.6$,求 $P(A \overline{B})$.

解 $P(A \overline{B}) = P(A - AB) = P(A) - P(AB)$

因为 $P(A \cup B) = P(A) + P(B) - P(AB)$,所以

$$P(A) - P(AB) = P(A \cup B) - P(B)$$

即

$$P(A\overline{B}) = 0.6 - 0.3 = 0.3$$

课堂练习

1.已知 $P(A \cup B) = 0.7$,$P(A) = 0.5$,$P(B) = 0.6$,求 $P(AB)$.

2.设 A,B,C 是三个随机事件,且 $P(A) = P(B) = P(C) = \dfrac{1}{4}$,$P(AB) = P(BC) = 0$,

$P(AC) = \dfrac{1}{8}$,求 A,B,C 至少有一个发生的概率.

1.4　古典概型与几何概型

1.4.1　古典概型

古典概型是一种等可能的概率类型,它有两个条件要求:

(1)试验的样本空间所包含的基本事件的个数是有限的:$\Omega = \{e_1, e_2, \cdots, e_n\}$;

(2)试验中每个基本事件的发生是等可能的:$P(e_1) = P(e_2) = \cdots = P(e_n) = \dfrac{1}{n}$.

若随机事件 A 包含了 k 个基本事件,即 $A = \{e_{i1}, e_{i2}, \cdots, e_{ik}\}$,由于基本事件都是两两互不相容的,所以有

$$P(A) = \sum_{j=1}^{k} P(e_{ij}) = \sum_{j=1}^{k} \frac{1}{n} = \frac{k}{n} = \frac{\operatorname{card}(A)}{\operatorname{card}(\Omega)}$$

其中 $\operatorname{card}(\Omega)$ 表示样本空间所包含的基本事件的个数,$\operatorname{card}(A)$ 表示随机事件 A 所包含的基本事件的个数.这就是古典概型中事件 A 发生的概率计算公式.

【例1-4】 将一枚硬币抛两次.(1)设事件 A_1 为"恰好有一次出现正面",求 $P(A_1)$;
(2)设事件 A_2 为"至少有一次出现正面",求 $P(A_2)$.

解 (1)设随机试验 E 为:将一枚硬币抛两次,观察正面 H、反面 T 出现的情况.则 E 的样本空间为 $\Omega = \{HH, HT, TH, TT\}$,且 $\operatorname{card}(\Omega) = 4$;又 $A_1 = \{HT, TH\}$,且 $\operatorname{card}(A_1) = 2$,故

$$P(A_1) = \frac{2}{4} = \frac{1}{2}$$

(2) 因为 $\overline{A}_2 = \{TT\}$,于是

$$P(A_2) = 1 - P(\overline{A}_2) = 1 - \frac{1}{4} = \frac{3}{4}$$

使用古典概型的计算公式计算概率,涉及计数的运算.当样本空间 Ω 中的元素较多而不能一一列出时,只需要根据有关计数的原理和方法(如排列组合)计算出 Ω 和 A 中所包含的基本事件的个数,即可求出 A 的概率.

这里给出一个组合数的推广公式,规定:

$$\begin{pmatrix} n \\ r \end{pmatrix} = \begin{cases} 1, & r = 0 \\ \dfrac{n(n-1)\cdots(n-r+1)}{r!}, & r = 1, 2, \cdots, n. \\ 0, & r > n \end{cases}$$

其中 n 为正整数.显然,当 $r \leqslant n$ 时,$\begin{pmatrix} n \\ r \end{pmatrix} = C_n^r$.

【例 1-5】 设袋中有 4 个白球和 2 个黑球,现从袋中无放回(第一次取一球不放回袋中,第二次再从剩余的球中取一球,此种抽取方法称为**无放回抽样**)地依次取出 2 个球,求这 2 个球都是白球的概率.

解 记 $A = \{$取到的两个球都是白球$\}$

基本事件的总数为从 6 个不同的元素中任取 2 个元素的组合数 $\begin{pmatrix} 6 \\ 2 \end{pmatrix}$,事件 A 包含的

基本事件数为 $\begin{pmatrix} 4 \\ 2 \end{pmatrix}$,所以

$$P(A) = \frac{\begin{pmatrix} 4 \\ 2 \end{pmatrix}}{\begin{pmatrix} 6 \\ 2 \end{pmatrix}} = \frac{\dfrac{A_4^2}{2!}}{\dfrac{A_6^2}{2!}} = \frac{2}{5}.$$

对于有放回抽样的情形(即第一次取出一个球,观察颜色后放回袋中,搅匀后再抽取第二个),读者可类似地解决例 1-5 中的问题.

【例 1-6】 袋中有 a 个白球,b 个红球,k 个人依次在袋中任取一个球.(1)做有放回抽样;(2)做无放回抽样.求第 $i(i = 1, 2, \cdots, k)$ 个人取到白球(记为事件 B)的概率($k \leqslant a + b$).

解 (1)有放回抽样的情况,显然有

$$P(B) = \frac{a}{a+b}$$

(2)无放回抽样的情况,各人取一球,每种取法是一个基本事件.共有

$$(a+b)(a+b-1)\cdots(a+b-k+1) = A_{a+b}^k$$

个基本事件,且由对称性知每个基本事件发生的可能性相同.当事件 B 发生时,第 i 个人

取的应该是白球,它可以是 a 个白球中的任意一个,有 a 种取法.其余被取的 $k-1$ 个球可以是其余 $a+b-1$ 个球中的任意 $k-1$ 个,共有

$$(a+b-1)(a+b-2)\cdots[a+b-1-(k-1)+1]=A_{a+b-1}^{k-1}$$

种取法,于是事件 B 中包含 $a\cdot A_{a+b-1}^{k-1}$ 个基本事件,故得到

$$P(B)=a\cdot A_{a+b-1}^{k-1}/A_{a+b}^{k}=\frac{a}{a+b}$$

值得注意的是 $P(B)$ 与 i 无关,即 k 个人取球,尽管取球的先后次序不同,各人取到白球的概率是一样的,大家机会相同(例如在购买福利彩票时,各人得奖的机会是一样).另外还值得注意的是有放回抽样的情况与无放回抽样的情况下 $P(B)$ 是一样的.

【例 1-7】 将 n 个球随机地放入 $N(N\geqslant n)$ 个盒子中,试求每个盒子至多有一个球的概率(设盒子的容量不限).

解　将 n 个球放入 $N(N\geqslant n)$ 个盒子中,每一种放法是一个基本事件.故这是古典概型问题.因为每一个球都可以放入 N 个盒子中的任一个盒子,因而共有 $N\times N\times\cdots\times N=N^n$ 种不同的放法,又每个盒子中至多放一个球共有 $N(N-1)\cdots[N-(n-1)]$ 种不同的放法.所以所求的概率为

$$p=\frac{N(N-1)\cdots[N-(n-1)]}{N^n}=\frac{A_N^n}{N^n}$$

此结果可以推出:

(1)某个盒子中至少有两个球的概率为 $1-\dfrac{A_N^n}{N^n}$;

(2)当 $n=N$ 时,每个盒子中恰好有一个球的概率为 $\dfrac{n!}{n^n}$.

许多实际问题和本例具有相同的数学模型.例如,掷骰子 6 次,每次出现不同点数的概率为 $\dfrac{6!}{6^6}\approx0.015\,43$;再如,假设每人的生日在一年 365 天中的任一天是等可能的,即都等于 $\dfrac{1}{365}$,那么随机抽取 $n(n\leqslant365)$ 个人,他们的生日各不相同的概率为

$$\frac{365\cdot364\cdot\cdots\cdot[365-(n-1)]}{365^n}$$

因而,n 个人中至少有两个人生日相同的概率为

$$p=1-\frac{365\cdot364\cdot\cdots\cdot[365-(n-1)]}{365^n}$$

经计算可得下述结果:

n	20	30	40	50	100
p	0.411	0.706	0.891	0.970	0.999 999 7

从表中可以看出,在一个 50 人的班级里,"至少有两人的生日相同"这一事件发生的概率与 1 的差别仅差 0.03.如果在一个 100 人的班级里,"至少有两人的生日相同"这一

事件发生的概率几乎就是 1 了.若进行调查的话,这一结果几乎总是会出现的.读者不妨一试.

不同的随机事件发生的概率可能不一样,概率大的事件在一次试验中发生的可能性大,概率小的事件在一次试验中发生的可能性小.人们在长期实践中总结出来的所谓"**实际推断原理**",即"**概率很小的事件在一次试验中实际上几乎是不发生的**".这一原理在实际中非常有用.

【例 1-8】 某社区办事处在某一周接待过 12 次来访,已知这 12 次接待都是在周二和周四进行的,问是否可以推断接待事件是有规定的?

解 假设社区办事处的接待时间没有规定,即各来访者在一周的任意一天去社区办事处是等可能的,则一周 7 天都可以接待,12 次接待的所有可能为 7^{12}.而只是周二和周四接待,12 次接待的所有可能为 2^{12},所以 12 次接待都在周二、周四的概率为 $P = \dfrac{2^{12}}{7^{12}} \approx$ 0.000 000 3.

这是一个**小概率事件**,在一次的试验中小概率事件几乎是不会发生的,现在一周的接待发生在周二和周四的小概率事件居然发生了,可以推断接待不是随便哪天都可以,即接待时间是有规定的.

1.4.2 几何概型

几何概型是用几何图形的度量来计算概率的一种概率问题.

设样本空间 Ω 为 $\mathbf{R}^n(n=1,2,3)$ 中的一个可以度量的几何区域,且 $0 < G(\Omega) < +\infty$,A 为 Ω 中的一个随机事件,令 $P(A) = \dfrac{G(A)}{G(\Omega)}$,这种概型为几何概型.其中 $G(\Omega)$、$G(A)$ 分别为 Ω、A 的几何度量.

【例 1-9】 (约会问题)两个人约于 7 点到 8 点之间在某地点会面,先到者必须等足 20 分钟即可离去,设两个人到达的时间是随机且等可能,求两个人会面成功的概率.

解 设 X,Y 分别表示两个人到达时刻在 7 点钟后的时间,则

$$\Omega = \{(X,Y) \mid 0 < X < 60, 0 < Y < 60\},$$

A 表示两个人会面成功(如图 1-7 所示阴影区域),则

$$A = \{(X,Y) \mid |X-Y| \leqslant 20, (X,Y) \in \Omega\},$$

则 $G(\Omega) = 60^2, G(A) = 60^2 - 40^2$

$$P(A) = \frac{60^2 - 40^2}{60^2} = \frac{5}{9}.$$

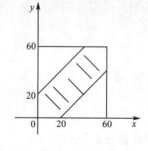

图 1-7 例 1-9

*【例 1-10】 (蒲丰投针问题与蒙特卡洛方法)向平面上的一组间距为 a 的平行线上投针,针长为 $l(l < a)$,求针与平行线相交的概率.

解　设 x 为针的中点较近平行线的距离, φ 为针与这条直线的夹角(如图 1-8 所示), 于是

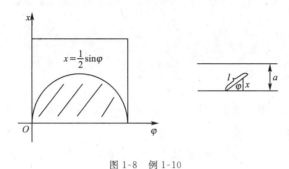

图 1-8　例 1-10

$\Omega = \{(x,\varphi)\,|\,0 \leqslant x \leqslant \dfrac{a}{2}, 0 \leqslant \varphi \leqslant \pi\}$, 设 A 为针与平行线相交, 则

$$A = \{(x,\varphi)\,|\,x \leqslant \frac{l}{2}\sin\varphi, (x,\varphi) \in \Omega\},$$

从而

$$P(A) = \frac{G(A)}{G(\Omega)} = \frac{\displaystyle\int_0^\pi \frac{l}{2}\sin\varphi\,\mathrm{d}\varphi}{\frac{1}{2}a\pi} = \frac{2l}{a\pi},$$

蒙特卡洛方法: 如果用频率代替概率: $P(A) \approx f_n(A) = \dfrac{k}{n}$, 上面的概率结果: $\dfrac{k}{n} = \dfrac{2l}{a\pi}$ $\Rightarrow \pi = \dfrac{2nl}{ka}$. 这种通过随机试验的方法解决数学上的一些近似数(解)的方法称为蒙特卡洛方法.

课堂练习

1.将一枚硬币抛掷三次,求:(1)恰有一次出现正面的概率;(2)至少有一次出现正面的概率.

2.将 15 名新生随机地平均分配到三个班级中去,这 15 名新生中有 3 名是优秀学生,求:

(1)每个班级各分配到一名优秀学生的概率;(2)3 名优秀学生分配在同一班级的概率.

1.5 条件概率与乘法公式

1.5.1 条件概率

一般地,对于 A, B 两个事件,$P(A) > 0$,条件概率是指在事件 A 已经发生的条件下考虑事件 B 发生的概率,记为 $P(B|A)$.

【例 1-11】 某班有 40 名学生,团员 15 名,全班平均分成 4 个小组,第一组有 4 名团员,如果要在班上选一名学生代表,下面是几个事件的概率:

用 A 表示选出的是第一组的人,B 表示选出的是团员,则 AB 表示选出的是第一组的团员,$B|A$ 表示选出的是第一组的人的条件下,选出的是团员. 现在求这些事件的概率.

解 根据题意有
$$P(A) = \frac{10}{40}, \quad P(AB) = \frac{4}{40},$$

$$P(B|A) = \frac{4}{10} = \frac{4/40}{10/40} = \frac{P(AB)}{P(A)}.$$

在一般场合,我们将上述关系式作为条件概率的定义:

定义 设 A, B 是两个随机事件,且 $P(A) > 0$,则称

$$P(B|A) = \frac{P(AB)}{P(A)}$$

为在事件 A 发生的条件下事件 B 发生的条件概率.

不难验证,条件概率 $P(B|A)$ 也符合概率定义中的三个条件:

(1)非负性:对每个事件 B,有 $P(B|A) \geq 0$;

(2)规范性:$P(\Omega|A) = 1$;

(3)可列可加性:若 $B_1, B_2, \cdots$ 是两两互不相容的事件,即 $B_i B_j = \varnothing, i \neq j, i, j = 1, 2, \cdots$ 则有

$$P(B_1 \bigcup B_2 \bigcup \cdots | A) = P(B_1|A) + P(B_2|A) + \cdots$$

【例 1-12】 某种动物活到 20 岁的概率是 0.8,活到 40 岁的概率是 0.4,公园里现有一动物刚过了 20 岁的生日,请问它活到 40 岁的概率有多大?

解 用 A 表示此动物活到 20 岁,B 表示此动物活到 40 岁,则

$$P(A) = 0.8, P(B) = 0.4, 因为 B \subset A, 所以 AB = B$$

$$P(B|A) = \frac{P(AB)}{P(A)} = \frac{P(B)}{P(A)} = \frac{0.4}{0.8} = 0.5.$$

【例 1-13】 设袋中有 5 个白球,4 个黑球,从中任取 2 球,发现取出的是同色球,问取出的都是黑球的概率是多少?

解 用 A 表示取出的是同色球,用 B 表示取出的是黑球,则

$$P(A)=\frac{C_5^2+C_4^2}{C_9^2},P(AB)=\frac{C_4^2}{C_9^2},P(B|A)=\frac{P(AB)}{P(A)}=\frac{\dfrac{C_4^2}{C_9^2}}{\dfrac{C_5^2+C_4^2}{C_9^2}}=\frac{3}{8}.$$

1.5.2 乘法公式

由条件概率公式变形可得下述定理:

乘法定理 设 $P(A)>0$,则有

$$P(AB)=P(B|A)P(A)$$

此式称为乘法公式.

【例 1-14】 用 10 把不同的钥匙去试开一把锁,求第二次才打开的概率.

解 用 A_i 表示第 i 次打开锁($i=1,2$),则第二次才打开锁为 $\overline{A_1}A_2$,由乘法公式:

$$P(\overline{A_1}A_2)=P(\overline{A_1})P(A_2|\overline{A_1})=\frac{9}{10}\times\frac{1}{9}=\frac{1}{10}.$$

推广:$P(ABC)=P(A)P(B|A)P(C|AB)$;

【例 1-15】 设袋中有 r 个红球、t 个白球,每次从中任取一个看其颜色后放回,并再放入 a 个同色球,若在袋中连续取球四次,求第一、二次取到红球且第三、四次取到白球的概率.

解 用 A_i 表示第 i 次取得的是红球,$i=1,2,3,4$,则第一、二次取到红球且第三、四次取到白球的概率为

$$P(A_1A_2\overline{A_3}\,\overline{A_4})=P(\overline{A_4}|A_1A_2\overline{A_3})P(\overline{A_3}|A_1A_2)P(A_2|A_1)P(A_1)$$

$$=\frac{t+a}{r+t+3a}\cdot\frac{t}{r+t+2a}\cdot\frac{r+a}{r+t+a}\cdot\frac{r}{r+t}$$

课堂练习

1.在 52 张扑克牌中任抽一张,已知抽到的是梅花花色牌,求抽到的是梅花 5 的概率.

2.某种玻璃制品第一次落地时打破的概率为 0.5,若第一次落地时未打破,第二次落地时打破的概率为 0.7,若前两次落地时均未打破,第三次落地时打破的概率为 0.9,求落地三次而未打破的概率.

1.6　全概率公式与贝叶斯公式

1.6.1　全概率公式

【例 1-16】　某工厂有甲、乙、丙三个车间生产同一产品,甲车间产量占 25%,乙车间产量占 35%,丙车间产量占 40%,且甲车间的次品率为 2%,乙车间的次品率为 3%,丙车间的次品率为 5%,现从总仓库中任取一件产品,求其为次品的概率.

解　我们用 H_1,H_2,H_3 分别表示甲车间,乙车间,丙车间的产品(如图 1-9 所示).A 表示从总仓中任取一件产品为次品,显然

$H_1 \cup H_2 \cup H_3 = \Omega$,$H_1 \cap H_2 = \varnothing$,$H_1 \cap H_3 = \varnothing$,$H_2 \cap H_3 = \varnothing$

$A = A\Omega = A(H_1 \cup H_2 \cup H_3) = AH_1 \cup AH_2 \cup AH_3$,且 AH_1,AH_2,AH_3 两两不相交,所以

$$P(A) = P(AH_1) + P(AH_2) + P(AH_3),$$

再由乘法公式,

$$P(A) = P(AH_1) + P(AH_2) + P(AH_3)$$
$$= P(H_1)P(A|H_1) + P(H_2)P(A|H_2) + P(H_3)P(A|H_3)$$

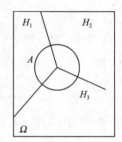

图 1-9　例 1-16

$$= 0.25 \times 0.02 + 0.35 \times 0.03 + 0.4 \times 0.05 = 0.035\ 5.$$

这种通过对样本空间的全面剖析,联合应用加法公式和乘法公式计算随机事件的方法就是**全概率公式**的应用.为了进一步介绍全概率公式,我们先来介绍**完备事件组**.

定义　设一组随机事件组 H_1,H_2,$\cdots$,H_n 满足

(1) $\bigcup\limits_{i=1}^{n} H_i = \Omega$;

(2) $H_i H_j = \varnothing$,$i \neq j$.

则称 H_1,H_2,$\cdots$,H_n 是样本空间的一个**完备事件组**,亦即 Ω 的一种分割.

定理 1　设随机试验 E,样本空间 Ω,随机事件 $A \subset \Omega$,H_1,H_2,$\cdots$,H_n 是样本空间的一个完备事件组,且 $P(H_i) > 0 (i = 1, 2, \cdots n)$,则

$$P(A) = \sum_{i=1}^{n} P(H_i)P(A|H_i)$$

称为**全概率公式**.

1.6.2　贝叶斯公式

如果例 1-16 中问题改为:从总产品中任取一件发现是次品,则此产品来自甲车间的概率有多大? 这就是**贝叶斯公式**问题.

定理 2　在定理 1 的条件下,由条件概率公式和全概率公式有

$$P(H_i \mid A) = \frac{P(H_iA)}{P(A)} = \frac{P(H_i)P(A \mid H_i)}{\sum_{i=1}^{n} P(H_i)P(A \mid H_i)}.$$

比如上例中:从总产品中任取一件发现是次品,则它来自甲车间的概率是:

$$P(H_1 \mid A) = \frac{P(H_1A)}{P(A)} = \frac{P(H_1)P(A \mid H_1)}{\sum_{i=1}^{3} P(H_i)P(A \mid H_i)}$$

$$= \frac{0.25 \times 0.02}{0.25 \times 0.02 + 0.35 \times 0.03 + 0.4 \times 0.05} \approx 0.140\,8$$

【例 1-17】　以往的数据分析结果表明,当机器调整良好时,产品的合格率为 98%,而当机器发生故障时,产品的合格率为 55%,每天早上机器开动时,机器调整良好的概率为 95%,已知某日早上第一件产品为合格时,试求机器调整良好的概率是多少?

解　设 A 为事件"产品合格",B 为事件"机器调整良好",由已知

$$P(A|B) = 0.98, P(A|\overline{B}) = 0.55, P(\overline{B}) = 0.05,$$

由贝叶斯公式

$$P(B|A) = \frac{P(A|B)P(B)}{P(A|B)P(B) + P(A|\overline{B})P(\overline{B})}$$

$$= \frac{0.98 \times 0.95}{0.98 \times 0.95 + 0.55 \times 0.05} \approx 0.97.$$

本例中机器调整良好的概率有两个数据:一个是"根据以往数据分析结果:0.95",这个叫**先验概率**,另一个是"第一件产品是合格时得出的结果:0.97",这个叫**后验概率**,有了这两个概率,我们不但能对机器的以往情况有所了解,还能对机器的目前情况有进一步的了解.

课堂练习

1. 三盒圆珠笔,甲盒中有 4 支红笔 3 支黑笔,乙盒中有 5 支红笔 4 支黑笔,丙盒中有 3 支红笔 2 支黑笔,现在从中任取一盒,再任取一支,求取到的是红笔的概率.

2. 甲袋中有 2 个红球 3 个白球 4 个黑球,乙袋中有 3 个红球 4 个白球 5 个黑球,先从甲袋中任取 2 球放入乙袋中,再从乙袋中任取 1 球,求取到的是红球的概率.

3. 某人走路上班迟到的概率是 0.5,骑自行车上班迟到的概率是 0.4,坐公交车上班迟到的概率是 0.3,设他去上班选择这三种方式是等可能的,今天他迟到了,求他走路上班的概率.

1.7 独立性与伯努利概型

1.7.1 独立性

对 E 中的两个随机事件 A,B,如果 A 的发生不影响 B 的发生,且 B 的发生也不影响 A 的发生,这时:$P(B|A)=P(B)$,$P(A|B)=P(A)$,即条件失去作用,我们就说随机事件 A 与 B 是相互独立的,这就是事件的独立性.根据乘法公式,我们可以给独立性做如下定义:

定义 两个随机事件 A,B,如果满足等式

$$P(AB)=P(A)P(B)$$

则称事件 A,B 相互独立.

注意 A,B 相互独立与 A,B 互不相容的不同之处.

【例 1-18】 接连投掷一枚硬币三次,A 表示第一次正面朝上,B 表示第二次正面朝上,判断 A 与 B 是否相互独立.

解 $\Omega=\{$正正正,正正反,正反正,反正正,正反反,反正反,反反正,反反反$\}$,$A=\{$正正正,正正反,正反正,正反反$\}$,$B=\{$反正反,反正正,正正反,正正正$\}$,$AB=\{$正正反,正正正$\}$

$$P(A)=P(B)=\frac{1}{2},P(AB)=\frac{1}{4},P(AB)=P(A)P(B),$$

所以 A,B 是相互独立的.

【例 1-19】 设一个家庭有 2 个孩子,A 表示一个家庭有男孩有女孩,B 表示一个家庭最多有一个女孩,判断 A 与 B 是否相互独立.

解 $\Omega=\{$男男,男女,女男,女女$\}$,$A=\{$男女,女男$\}$,$B=\{$男男,男女,女男$\}$,$AB=\{$男女,女男$\}$.

$$P(A)=\frac{1}{2},P(B)=\frac{3}{4},P(AB)=\frac{1}{2},P(AB)\neq P(A)P(B)$$

所以 A,B 不是相互独立的.

定理 3 如果事件 A,B 相互独立,则下列各对事件也相互独立:

$$A 与 \overline{B},\overline{A} 与 B,\overline{A} 与 \overline{B}.$$

证明 (只证明最后一个,其余请读者自己证明).

由于事件 A,B 相互独立,所以有 $P(AB)=P(A)P(B)$,则

$$P(\overline{A}\,\overline{B})=P(\overline{A\cup B})=1-P(A\cup B)=1-[P(A)+P(B)-P(AB)]$$
$$=1-P(A)-P(B)+P(A)P(B)=1-P(A)-P(B)[1-P(A)]$$
$$=[1-P(A)][1-P(B)]=P(\overline{A})P(\overline{B})$$

故 $\overline{A}$ 与 $\overline{B}$ 相互独立.

下面我们把相互独立的概念推广到 n 个事件的独立：$A_1, A_2, \cdots, A_n$

两两相互独立：$P(A_i A_j) = P(A_i)P(A_j), i \neq j, i, j = 1, 2, \cdots n.$

任意 k 个独立：$P(A_{i1} A_{i2} \cdots A_{ik}) = P(A_{i1})P(A_{i2}) \cdots P(A_{ik}), k = 2, 3, \cdots n.$

如果 n 个事件中有任意 k 个独立，则称 n 个**事件相互独立**.（注意 n 个事件两两相互独立与 n 个事件相互独立的不同）

【例 1-20】　有甲、乙、丙三位密码破译专家分别去破译一份密码，设甲破译的概率为 0.7，乙破译的概率为 0.8，丙破译的概率为 0.9，求密码被破译的概率.

解　用 A, B, C 分别表示甲、乙、丙三位密码破译专家破译密码，则 A, B, C 相互独立，且所求为

$$P(A \cup B \cup C) = 1 - P(\overline{A \cup B \cup C}) = 1 - P(\overline{A}\,\overline{B}\,\overline{C}) = 1 - P(\overline{A})P(\overline{B})P(\overline{C})$$
$$= 1 - 0.3 \times 0.2 \times 0.1 = 0.994.$$

1.7.2　伯努利概型

伯努利概型是 n 次独立重复试验的概率计算问题，此概型必须满足条件：

(1) n 次试验可重复（条件相同，结果相同）；

(2) 每次试验的结果都是相互独立的；

(3) 每次试验的结果都只有两种：A 或 $\overline{A}$；

(4) $P(A) = p, P(\overline{A}) = q = 1 - p.$

1. 求 n 次独立重复试验 A 恰好发生 k 次的概率，记为

$$P_n(k) = C_n^k p^k q^{n-k}$$

因为在 n 次试验中 A 恰好发生 k 次，相当于在 n 个空格中任取 k 个填上 A，另外 $n-k$ 个空格填上 $\overline{A}$. 比如：$\overline{A}A \cdots A\,\overline{A} \cdots \overline{A}$，由独立性 $P(\overline{A}A \cdots A\,\overline{A} \cdots \overline{A}) = p^k q^{n-k}$. 由组合的意义有 $P_n(k) = C_n^k p^k q^{n-k}.$

【例 1-21】　某同学投篮的命中率为 0.8，求他投 5 次恰好投中 4 次的概率.

解　$n = 5, k = 4, p = 0.8, q = 0.2, P_5(4) = C_5^4 \times 0.8^4 \times 0.2 = 0.409\ 6.$

2. 求 n 次独立重复试验 A 至少发生 k 次的概率，记为

$$p = \sum_{m=k}^{n} C_n^m p^m q^{n-m} = 1 - \sum_{m=0}^{k-1} C_n^m p^m q^{n-m}$$

【例 1-22】　设某个车间共有 9 台车床，每台车床使用电力都是等可能的，每小时约有 12 分钟使用电力，假定车工们的工作是相互独立的，试问在同一时间有 7 台及以上的车床使用电力的概率是多少？

解　$n = 9, p = \dfrac{12}{60} = 0.2, p = \sum_{m=7}^{9} C_9^m \times 0.2^m \times 0.8^{9-m} \approx 0.000\ 4.$

课堂练习

1.加工一个产品要经过三道工序,第一道工序成功的概率是 0.9,第二道工序成功的概率是 0.8,第三道工序成功的概率是 0.7,求加工一个产品的成功率.

2.某商场有 3 部电梯,每部电梯发生故障的概率是 0.01,求某时刻这个商场恰有 2 部电梯发生故障的概率.

3.某学生做选择题,每道题猜对的概率为 0.25,求他猜 10 道题至少猜对 2 道题的概率.

习题一

A 组

一、单项选择题

1.对于事件 A,B,下列命题正确的是(   ).

A. 如果 A,B 互不相容,则 $\overline{A},\overline{B}$ 也互不相容

B. 如果 $A\subset B$,则 $\overline{A}\subset\overline{B}$

C. 如果 $A\supset B$,则 $\overline{A}\supset\overline{B}$

D. 如果 A,B 对立,则 $\overline{A},\overline{B}$ 也对立

2.设 A,B 为随机事件,且 $A\subset B$,则 $\overline{A}B$ 等于(   ).

A. $\overline{A}\,\overline{B}$ B. $\overline{B}$ C. $\overline{A}$ D. A

3.设 A,B 为随机事件,则 $P(A-B)=$(   ).

A. $P(A)-P(B)$ B. $P(A)-P(AB)$

C. $P(A)-P(B)+P(AB)$ D. $P(A)+P(B)-P(AB)$

4.设随机事件 A 与 B 互不相容,且 $P(A)>0,P(B)>0$,则(   ).

A. $P(B|A)=0$ B. $P(A|B)>0$

C. $P(A|B)=P(A)$ D. $P(AB)=P(A)P(B)$

5.设随机事件 A 与 B 互不相容,$P(A)=0.2,P(B)=0.4$,则 $P(B|A)=$(   ).

A. 0   B. 0.2   C. 0.4   D. 1

6.设事件 A,B 互不相容,已知 $P(A)=0.4,P(B)=0.5$,则 $P(\overline{A}\,\overline{B})=$(   ).

A. 0.1   B. 0.4   C. 0.9   D. 1

7.设事件 A、B 满足 $P(A\overline{B})=0.2,P(A)=0.6$,则 $P(AB)=$(   ).

A. 0.12   B. 0.4   C. 0.6   D. 0.8

8. 设 A、B 相互独立，且 $P(A)>0$，$P(B)>0$，则下列等式成立的是（　　）.

A. $P(AB)=0$

B. $P(A-B)=P(A)P(\overline{B})$

C. $P(A)+P(B)=1$

D. $P(A|B)=0$

9. 已知事件 A,B 相互独立，且 $P(A)>0$，$P(B)>0$，则下列等式成立的是（　　）.

A. $P(A\bigcup B)=P(A)+P(B)$

B. $P(A\bigcup B)=1-P(\overline{A})P(\overline{B})$

C. $P(A\bigcup B)=P(A)P(B)$

D. $P(A\bigcup B)=1$

10. 若 A 与 B 互为对立事件，则下列等式成立的是（　　）

A. $P(A\bigcup B)=\Omega$

B. $P(AB)=P(A)P(B)$

C. $P(A)=1-P(B)$

D. $P(AB)=\varnothing$

11. 设 A 与 B 相互独立，$P(A)=0.2$，$P(B)=0.4$，则 $P(\overline{A}|B)=$（　　）.

A. 0.2　　　　　B. 0.4　　　　　C. 0.6　　　　　D. 0.8

12. 设事件 A,B 相互独立，且 $P(A)=\dfrac{1}{3}$，$P(B)>0$，则 $P(A|B)=$（　　）.

A. $\dfrac{1}{15}$　　　　B. $\dfrac{1}{5}$　　　　C. $\dfrac{4}{15}$　　　　D. $\dfrac{1}{3}$

13. 设 A,B 为两事件，已知 $P(B)=\dfrac{1}{2}$，$P(A\bigcup B)=\dfrac{2}{3}$，若事件 A,B 相互独立，则 $P(A)=$（　　）.

A. $\dfrac{1}{9}$　　　　B. $\dfrac{1}{6}$　　　　C. $\dfrac{1}{3}$　　　　D. $\dfrac{1}{2}$

14. 一批产品共 10 件，其中有 2 件次品，从这批产品中任取 3 件，则取出的 3 件中恰有一件次品的概率为（　　）.

A. $\dfrac{1}{60}$　　　　B. $\dfrac{7}{45}$　　　　C. $\dfrac{1}{5}$　　　　D. $\dfrac{7}{15}$

15. 同时抛掷 3 枚均匀的硬币，则恰好有三枚均为正面朝上的概率为（　　）.

A. 0.125　　　　B. 0.2　　　　C. 0.375　　　　D. 0.5

16. 同时抛掷 3 枚均匀的硬币，则恰好有两枚正面朝上的概率为（　　）.

A. 0.125　　　　B. 0.25　　　　C. 0.375　　　　D. 0.50

17. 将一枚均匀的硬币抛掷三次，恰有一次出现正面的概率为（　　）.

A. $\dfrac{1}{8}$　　　　B. $\dfrac{1}{4}$　　　　C. $\dfrac{3}{8}$　　　　D. $\dfrac{1}{2}$

18. 每次试验成功率为 $p(0<p<1)$，则在 3 次重复试验中至少失败一次的概率为（　　）.

A. $(1-p)^3$

B. $1-p^3$

C. $3(1-p)$

D. $(1-p)^3+p(1-p)^2+p^2(1-p)$

19. 已知一射手在两次独立射击中至少命中目标一次的概率为 0.96，则该射手每次射击的命中率为（　　）.

A. 0.04   B. 0.2   C. 0.8   D. 0.96

20. 某人射击三次，其命中率为 0.8，则三次中至多命中一次的概率为（   ）.

A. 0.002   B. 0.04   C. 0.08   D. 0.104

二、填空题

1. 设 $P(A)=0.4, P(B)=0.3, P(A \cup B)=0.4$，则 $P(A\overline{B})=$ _____.

2. 设 $P(A)=0.7, P(A-B)=0.3$，则 $P(\overline{AB})=$ _____.

3. 设 A 为随机事件，$P(A)=0.3$，则 $P(\overline{A})=$ _____.

4. 设 A,B 为随机事件，$P(A)=0.6, P(B|A)=0.3$，则 $P(AB)=$ _____.

5. 设 $P(A|B)=\dfrac{1}{6}, P(\overline{B})=\dfrac{1}{2}, P(B|A)=\dfrac{1}{4}$，则 $P(A)=$ _____.

6. 设 A,B 为随机事件，且 $P(A)=0.8, P(B)=0.4, P(B|A)=0.25$，则 $P(A|B)=$ _____.

7. 设 A,B 为两个随机事件，若 A 发生必然导致 B 发生，且 $P(A)=0.6$，则 $P(AB)=$ _____.

8. 设 A 与 B 是两个随机事件，已知 $P(A)=0.4, P(B)=0.6, P(A \cup B)=0.7$，则 $P(\overline{A}B)=$ _____.

9. 设 $P(A)=1/3, P(A \cup B)=1/2$，且 A 与 B 互不相容，则 $P(B)=$ _____.

10. 设事件 A,B 相互独立，且 $P(A)=0.2, P(B)=0.4$，则 $P(A \cup B)=$ _____.

11. 设事件 A,B 相互独立，$P(A \cup B)=0.6, P(A)=0.4$，则 $P(B)=$ _____.

12. 设随机事件 A 与 B 相互独立，且 $P(A)=0.7, P(A-B)=0.3$，则 $P(\overline{B})=$ _____.

13. 设 A,B 为两个随机事件，且 A 与 B 相互独立，$P(A)=0.3, P(B)=0.4$，则 $P(A\overline{B})=$ _____.

14. 设 A,B 相互独立且都不发生的概率为 $\dfrac{1}{9}$，又 A 发生而 B 不发生的概率与 B 发生而 A 不发生的概率相等，则 $P(A)=$ _____.

15. 设随机事件 A,B 相互独立，$P(\overline{A}\,\overline{B})=\dfrac{1}{25}, P(A\overline{B})=P(\overline{A}B)$，则 $P(\overline{A})=$ _____.

16. 设随机事件 A 与 B 相互独立，且 $P(A)=P(B)=\dfrac{1}{3}$，则 $P(A \cup \overline{B})=$ _____.

17. 设随机事件 A 与 B 相互独立，且 $P(A)=0.5, P(A\overline{B})=0.3$，则 $P(B)=$ _____.

18. 从 $0,1,2,3,4$ 五个数中任意取三个数，则这三个数中不含 0 的概率为 _____.

19. 连续抛一枚均匀硬币 5 次，则正面都不出现的概率为 _____.

20. 袋中有红、黄、蓝球各一个，从中任取三次，每次取一个，取后放回，则 5 次红球出现的概率为_____.

21.一口袋装有 3 个红球,2 个黑球,从中任意取出 2 个球,则这 2 个球恰为一红一黑的概率是_____.

22.某人工作一天出废品的概率为 0.2,则工作四天中仅有一天出废品的概率为_____.

23.一袋中装有 7 个红球和 3 个白球,从袋中有放回地取两次球,每次取一个,则第一次取得红球且第二次取得白球的概率是_____.

24.一批产品,由甲厂生产的占 1/3,其次品率为 5％,由乙厂生产的占 2/3,其次品率为 10％.从这批产品中随机取一件,恰好取到次品的概率为_____.

25.某射手对一目标独立射击 4 次,每次射击的命中率为 0.5,则 4 次射击中恰好命中 3 次的概率为_____.

26.将三个不同的球随机地放入三个不同的盒中,则出现两个空盒的概率为_____.

27.已知 10 件产品中有 2 件次品,从该产品中任意取 3 件,则恰好取到一件次品的概率为_____.

28.已知某地区的人群吸烟的概率是 0.2,不吸烟的概率是 0.8,若吸烟使人患某种疾病的概率为 0.008,不吸烟使人患该种疾病的概率是 0.001,则该人群患这种疾病的概率为_____.

29.某地一年内发生旱灾的概率为 $\frac{1}{3}$,则今后连续四年内至少有一年发生旱灾的概率为_____.

30.从数字 1,2,…,10 中有放回地任取 4 个数字,则数字 10 恰好出现两次的概率为_____.

三、解答题

1.设 A,B 为随机事件,$P(A)=0.2$,$P(B|A)=0.4$,$P(A|B)=0.5$.求:(1)$P(AB)$;(2)$P(A\cup B)$.

2.设 $P(A)=0.4$,$P(B)=0.5$,且 $P(\overline{A}|\overline{B})=0.3$,求 $P(AB)$.

3.100 张彩票中有 7 张是有奖彩票,现有甲、乙两人且甲先乙后各买一张,试计算甲、乙两人中奖的概率是否相同?

4.设有两种报警系统Ⅰ与Ⅱ,它们单独使用时,有效的概率分别为 0.92 与 0.93,且已知在系统Ⅰ失效的条件下,系统Ⅱ有效的概率为 0.85,试求:

(1)系统Ⅰ与Ⅱ同时有效的概率;(2)至少有一个系统有效的概率.

5.某商店有 100 台相同型号的冰箱待售,其中 60 台是甲厂生产的,25 台是乙厂生产的,15 台是丙厂生产的,已知这三个厂生产的冰箱质量不同,它们的不合格率依次为 0.1、0.4、0.2,现有一位顾客从这批冰箱中随机购买了一台,试求:

(1)该顾客购买到一台合格冰箱的概率;

(2)顾客开箱测试后发现冰箱不合格,试问这台冰箱来自甲厂的概率有多大?

6.设工厂甲、乙、丙三个车间生产同一种产品,产量依次占全厂产量的 45%、35%、20%,且各车间的次品率分别为 4%、2%、5%.求:(1)从该厂生产的产品中任取 1 件,为次品的概率;(2)该件次品是由甲车间生产的概率.

7.设 A,B 是两事件,已知 $P(A)=0.3$,$P(B)=0.6$,试在下列两种情形下分别求出 $P(A|B)$.:

(1)事件 A,B 互不相容;

(2)事件 A,B 有包含关系.

8.某气象站天气预报的准确率为 0.8,且各次预报之间相互独立.试求:

(1)5 次预报全部准确的概率 p_1;

(2)5 次预报中至少有 1 次准确的概率 p_2.

9.某种灯管按要求使用寿命超过 1 000 小时的概率为 0.8,超过 1 200 小时的概率为 0.4,现有该种灯管已经使用了 1 000 小时,求该灯管将在 200 小时内坏掉的概率.

10.飞机在雨天晚点的概率为 0.8,在晴天晚点的概率为 0.2,天气预报称明天有雨的概率为 0.4,试求明天飞机晚点的概率.

11.设一批产品中有 95% 的合格品,且在合格品中一等品的占有率为 60%.

求:(1)从该批产品中任取 1 件,其为一等品的概率;

(2)在取出的 1 件产品不是一等品的条件下,其为不合格品的概率.

12.设随机事件 A_1,A_2,A_3 相互独立,且 $P(A_1)=0.4$,$P(A_2)=0.5$,$P(A_3)=0.7$.

求:(1)A_1,A_2,A_3 恰有一个发生的概率;

(2)A_1,A_2,A_3 至少有一个发生的概率.

13.盒中有 3 个新球、1 个旧球,第一次使用时从中随机取一个,用后放回,第二次使用时从中随机取两个,事件 A 表示"第二次取到的全是新球",求 $P(A)$.

14.某生产线上的产品按质量情况分为 A,B,C 三类.检验员定时从该生产线上任取 2 件产品进行抽检,若发现其中两件全是 A 类产品或一件 A 类一件 B 类产品的情况下就不需要调试设备,否则需要调试.已知该生产线上生产的每件产品为 A 类品、B 类品和 C 类品的概率分别为 $0.9,0.05$ 和 0.05,且各件产品的质量情况互不影响.

求:(1)抽到的两件产品都为 B 类品的概率 P_1;

(2)抽检后设备不需要调试的概率 P_2.

B 组

1.从一批由 40 件正品、5 件次品组成的产品中任取 3 件产品,求其中恰有 1 件次品的概率.

2.有朋自远方来访,他乘火车、轮船、汽车、飞机来的概率分别是 $0.3,0.2,0.1,0.4$,

如果他乘火车、轮船、汽车来的话，迟到的概率分别为 $\frac{1}{4}$，$\frac{1}{3}$，$\frac{1}{12}$，而乘飞机则不会迟到，求:(1)他迟到的概率;(2)若结果他迟到了，试问他乘火车来的概率.

3. 三士兵射击飞机，一个负责射击驾驶员，一个负责射击发动机，一个负责射击油箱，他们射击命中的概率分别为 $\frac{1}{3}$，$\frac{1}{2}$，$\frac{1}{2}$，各人射击相互独立，飞机任意一地方中弹即坠毁，求飞机坠毁的概率.

4. 甲、乙、丙三人通过某种考试的概率分别为 2/5，3/4，1/3，且各自通过相互独立.
求:(1)3 人都通过的概率.(2)只有 2 人通过的概率.

5. 设 $P(A)=P(B)=\frac{1}{2}$，证明:$P(AB)=P(\overline{A}\,\overline{B})$.

6. 设袋中有 4 个白球和 4 个黑球，现从袋中无放回地依次取出 4 个球(即第一次取一个球不放回袋中，第二次从剩余的球中再取一球，此种抽取方式称为无放回抽样).试求:
(1)取到的两个球都是白球的概率;
(2)取到的两个球颜色相同的概率;
(3)取到的两个球中至少有一个是白球的概率.

7. (女士品茶)一位常饮奶茶的女士称:她能从一杯冲好的奶茶中辨别出该奶茶是先放牛奶还是先放茶冲制而成. 做了 10 次测试，结果她都正确地辨别出来了.问该女士的说法是否可信?

8. 一袋中有 10 个球，其中 3 个黑球，7 个白球，依次从袋中不放回地取两球.
(1)已知第一次取出的是黑球，求第二次取出的仍是黑球的概率;
(2)已知第二次取出的是黑球，求第一次取出的也是黑球的概率.

9. 已知某厂家的一批产品共 100 件，其中有 5 件废品.为慎重起见，采购员对产品进行不放回抽样检查，如果在被他抽查的 5 件产品中至少有一件是废品，则他拒绝购买这一批产品.求采购员拒绝购买这批产品的概率.

10. 某工厂的两个车间生产同型号的家用电器.据以往经验，第 1 车间的次品率为 0.15，第 2 车间的次品率为 0.12.两个车间生产的成品混合堆放在一个仓库里且无区分标志，假设第 1、2 车间生产的成品比例为 2:3.
(1)在仓库中随机地取一件成品，求它是次品的概率.
(2)在仓库中随机地取一件成品，若已知取到的是次品，问该次品分别是由第 1、2 车间生产的概率为多少?

11. 假设在某时期内影响股票价格变化的因素只有银行存折利率的变化.经分析，该时期内利率下调的概率为 60%，利率不变的概率为 40%.根据经验，在利率下调时某只股票上涨的概率为 80%，在利率不变时，这只股票上涨的概率为 40%.求这只股票上涨的概率.

12. 由医学统计数据分析可知，人群中患有某种病菌引起的疾病占总人数的 0.5%.

一种血液化验以 95% 的概率将患有此疾病的人检查出呈阳性,但也以 1% 的概率误将未患此疾病的人检验出呈阳性.现设某人检查出呈阳性反应,问他确患有此疾病的概率是多少.

13. 玻璃杯成箱出售,每箱 20 只,假设各箱含 0,1,2 只残次品的概率相应地为 0.8, 0.1 和 0.1. 一顾客欲买一箱玻璃杯,在购买时,售货员随机地查看 4 只,若无残次品,则买下该箱玻璃杯,否则退回.试求:

(1)顾客买下该箱玻璃杯的概率 a;

(2)在顾客买下的一箱玻璃杯中,确实没有残次品的概率 b.

14. 甲乙二人独立地对目标各射击一次,设甲射中目标的概率为 0.5,乙射中目标的概率为 0.6,求目标被击中的概率.

15. (保险赔付)设有 n 个人向保险公司购买人身意外保险(保险期为 1 年),假定投保人在一年内发生意外的概率为 0.01,求:

(1)保险公司赔付的概率;

(2)当 n 为多少时,使得以上赔付的概率超过 $\frac{1}{2}$.

16. 根据以往记录的数据分析,某船只运输某种物品损坏的情况共有三种:损坏 2% (记这一事件为 A_1),损坏 10%(记这一事件为 A_2),损坏 90%(记这一事件为 A_3),且 $P(A_1)=0.8,P(A_2)=0.15,P(A_3)=0.05$,设物品件数很多,取出一件后不影响后一件取的是否为优质物品的概率,现从已被运输的物品中随机地取三件,发现这三件都是好的 (记这一事件为 B),试求 $P(A_1|B)$.

17. 设 A,B 是两个随机事件,且 $P(A)=p,P(AB)=P(\overline{A}\,\overline{B})$,求 $P(B)$.

18. 设一批产品的一、二、三等品各占 $60\%,30\%,10\%$,现任取一件,结果不是三等品,求它是一等品的概率.

19. 某厂生产的每台仪器可直接出厂的占 0.7,需调试的占 0.3,调试后可出厂的占 0.8,不能出厂的占 0.2,新生产 $n(n\geqslant2)$ 台仪器(每台仪器的生产过程相互独立),求:

(1)全部能出厂的概率;

(2)恰有两台不能出厂的概率;

(3)至少有两台不能出厂的概率.

20. 设甲,乙两厂产品的次品率分别为 1% 与 2%,现从甲,乙两厂产品分别占 60% 与 40% 的一批产品中任取一件为次品,求此次品是甲厂生产的概率.

21. 设方程 $x^2+bx+c=0$ 中的 b,c 分别是连掷两次一枚骰子先后出现的点数,求此方程有实根的概率和有重根的概率.

22. 袋中装有 50 个乒乓球,其中 20 个是黄色的,30 个是白色的,现有两人依次随机地从袋中各取一球,取后不放回,求第二人取得黄球的概率.

23. 设考生的报名表来自三个地区,各有 10 份,15 份,25 份,其中各地区女生的报名表分别为 3 份,7 份,5 份.随机地从一地区先后任取 2 份报名表,求:(1)先取到一份报名表是女生的概率;(2)已知后取到的一份报名表是男生的而先取到一份报名表是女生的概率.

24.将两信息分别编码为 A 和 B 传送出去,接收站收到时,A 被误收为 B 的概率为 0.02,而 B 被误收为 A 的概率为 0.01,信息 A 和信息 B 传送的频繁程度为 $2:1$,若接收站收到的信息是 A,问原发信息是 A 的概率是多少?

第 2 章 随机变量及其分布

在第一章,我们对随机试验中具体随机事件的概率进行了计算,然而这种研究方法比较初级.本章将引入随机变量这一重要概念,随机变量的分布能对随机试验进行全面刻画,使我们对具体随机事件的研究扩大到对随机变量所表征的随机现象的研究.本章主要介绍一维随机变量及其分布.

2.1 随机变量的概念

第一章介绍了随机试验和随机事件,读者可能会注意到,随机事件和实数之间存在着某种客观的联系.例如投掷一枚骰子,可能出现的点数是 1 点,2 点,$\cdots$,6 点,如果进一步思考,假如引入一个变量 X 表示"出现的点数",则 6 个基本事件就可以表示成 $X=1,X=2,\cdots,X=6$.有些随机现象的样本点虽不具有这种数量性质,例如抛掷一枚硬币,结果可能出现正面,也可能出现反面,但是现在引入一个变量 Y 表示"试验结果",约定"出现正面"记为"$Y=1$","出现反面"记为"$Y=0$",这样随机试验的结果就和实数之间建立了一种对应关系.在上面的讨论中,变量 X 和 Y 在每次试验之前是不能确定的,其取值情况依赖于试验结果,即变量的取值是随机的,我们把这种变量称之为**随机变量**.

定义 对于给定的随机试验,Ω 是其样本空间,对 Ω 中每一个样本点 ω,有且只有唯一一个实数 $X(\omega)(X=X(\omega))$ 和它相对应,则称此定义在 Ω 上的实值单值函数 X 为**一维随机变量**.随机变量通常用大写英文字母(如 X,Y 等)或希腊字母(如 ξ,η 等)表示.

【例 2-1】 在装有 l 个黑球、m 个白球和 n 个红球的盒子中,随机取一球,观察此球的颜色,它有三个可能的结果:设 $\omega_1=\{$取出的是黑球$\}$,$\omega_2=\{$取出的是白球$\}$,$\omega_3=\{$取出的是红球$\}$,样本空间 $\Omega=\{\omega_1,\omega_2,\omega_3\}$,如果$\{$取出的是黑球$\}$记为"$-1$",$\{$取出的是白球$\}$记为"$0$",$\{$取出的是红球$\}$记为"$1$",用 X 表示试验结果,则其结果可以写成:$X=-1,X=0,X=1$,显然,X 是一个随机变量.用函数表达式可表示如下:

$$X = X(\omega) = \begin{cases} -1, & \omega = \omega_1, \\ 0, & \omega = \omega_2, \\ 1, & \omega = \omega_3. \end{cases}$$

【例 2-2】 从一批总量为 N、次品率为 p 的产品中,不放回抽取 $n(n \leqslant N)$ 个产品,观察产品中次品的个数. 设随机变量 X 表示样品中的次品数,则事件 $A = \{$没有次品$\}$,事件 $B = \{$次品数不多于 k 个$\}$,事件 $C = \{$至少有 2 个次品$\}$,可分别用随机变量 X 表示为:

$$A = \{\omega | X(\omega) = 0\}, B = \{\omega | X(\omega) \leqslant k\}, C = \{\omega | X(\omega) \geqslant 2\}.$$

为简化起见,上式中的 ω 常省去,简记为 $A = \{X = 0\}, B = \{X \leqslant k\}, A = \{X \geqslant 2\}$.

由例子可以看出,随机变量的本质就是样本点和实数之间的一种对应关系,这和数学分析中函数的概念是相近的. 随机变量的引入,不仅使随机事件在表达形式上更为简洁,更为重要的是,使利用数学分析的方法对随机试验的结果进行广泛深入的研究成为可能,另外,也有利于对随机现象从一个个孤立事件的静态研究转化为动态地把握整个随机现象的统计规律.

根据随机变量可能取值的情况,可以将它们分为两类:**离散型随机变量**和**非离散型随机变量**,而非离散型随机变量主要是指**连续型随机变量**. 本章研究的随机变量主要指离散型和连续型这两种随机变量.

课堂练习

1. 投掷一枚骰子一次,以 X 表示其出现的点数,求 $P\{X = i\}(i = 1, 2, \cdots, 6)$ 及 $P\{X \leqslant 3\}$.

2. 在一个袋子中装有编号分别为 $1, 2, 3$ 的 3 个小球,在袋子中任取一个小球,放回,再任取一个小球,以 X 表示两次取到的小球的编号之和,求 $P\{X \leqslant 3\}$ 和 $P\{4 \leqslant X \leqslant 6\}$.

2.2 离散型随机变量

定义 如果随机变量所有可能取的值是有限个或可列无限多个,则称这种随机变量为**一维离散型随机变量**,简称为**离散型随机变量**,其分布称为**离散型分布**.

2.2.1 离散型随机变量的分布律

设 X 是离散型随机变量,它所有可能的取值为 $x_i (i = 1, 2, \cdots)$,事件 $\{X = x_i\}$ 的概率为 p_i,称 $P\{X = x_i\} = p_i (i = 1, 2, \cdots)$ 为离散型随机变量 X 的分布律,此式也可以用下列

表格来进行直观的描述:

X	x_1	x_2	$\cdots$	x_i	$\cdots$
P	p_1	p_2	$\cdots$	p_i	$\cdots$

根据概率的定义可知,上述中的$\{p_i\}$具有两个性质:

(1)非负性 $0 \leqslant p_i \leqslant 1(i=1,2,\cdots)$;

(2)规范性 $\sum\limits_{i}^{\infty} p_i = 1$.

任意满足这两个性质的$\{p_i\}$,都可作为一个离散型随机变量的分布律.

由此可以看出,分布律可以看成:概率以一定的规律分布在随机变量所有可能的取值上,因而分布律全面地描述了离散型随机变量的统计规律.

分布律不仅明确地给出了$\{X=x_i\}$的概率,而且对于任意的实数$a<b$,事件$\{a \leqslant X < b\}$发生的概率也可由分布律求出.由概率的可列可加性有

$$P\{a \leqslant X < b\} = \sum\limits_{x_i \in [a,b)} P\{X=x_i\}.$$

【例 2-3】 进行独立重复试验,设试验成功的概率为 0.6,试验失败的概率为 0.4,以随机变量 X 表示首次试验成功时所需的试验次数,试写出 X 的分布律,并求出$P\{2 \leqslant X < 4\}$.

解 设 A_i 表示事件"试验进行到第 i 次时首次获得成功"$(i=1,2,\cdots)$,故

$$P(\overline{A_1}\,\overline{A_2}\cdots\overline{A_{i-1}}A_i) = P(\overline{A_1})P(\overline{A_2})\cdots P(\overline{A_{i-1}})P(A_i) = (0.4)^{i-1} \times (0.6)(i=1,2,\cdots).$$

于是 X 的分布律为

$$P(X=i) = (0.4)^{i-1} \times (0.6)(i=1,2,\cdots),$$

$$P\{2 \leqslant X < 4\} = P\{X=2\} + P\{X=3\} = 0.4 \times 0.6 + 0.4^2 \times 0.6 = 0.336.$$

2.2.2 三种重要的离散型随机变量

1. 0-1 分布

设随机变量 X 只能取 0 和 1 两个数值,它的分布律是

$$p_i = P\{X=i\} = p^i(1-p)^{1-i}, i=0,1(0<p<1),$$

则称 X 服从参数为 p 的 0-1 分布或两点分布,记作 $X \sim B(1,p)$.

0-1 分布的分布律也可写成

X	0	1
P	$1-p$	p

对于一个随机试验所有可能的结果,若按照某种标准可将样本空间 Ω 划分为只含两个元素的集合,即 $\Omega = \{\omega_1 \cdot \omega_2\}$,其中 $\omega_1 = \{$事件 A 发生$\}$,$\omega_2 = \{$事件$\overline{A}$发生$\}$,那么总能在 Ω 上定义一个服从 0-1 分布的随机变量

$$X = X(\omega) = \begin{cases} 0, & \text{当 } \omega = \omega_1 \\ 1, & \text{当 } \omega = \omega_2 \end{cases}.$$

在生活实践中,检验产品质量是否合格,对新生婴儿进行性别登记等都可运用服从 0-1 分布的随机变量来描述.

【例 2-4】　一个盒子中有红球、白球、黄球各 1 个,现从中任意拿出 1 个球,若只关注其是否为红球,设 $\omega_1=\{$拿出的是红球$\},\omega_2=\{$拿出的不是红球$\}$,我们可定义一个服从 0-1 分布的随机变量 X

$$X=X(\omega)=\begin{cases}0, & \text{当 }\omega=\omega_1\\1, & \text{当 }\omega=\omega_2\end{cases}.$$

其分布律为

X	0	1
P	$\dfrac{1}{3}$	$\dfrac{2}{3}$

2. 二项分布

如果一个随机试验 E 只有两个可能的结果:A 与 $\overline{A}$,则称 E 为贝努利(Bernoulli)试验. 设 $P(A)=p,P(\overline{A})=1-p$(其中 $0<p<1$),将 E 独立地重复进行 n 次的试验构成一个新的试验,这个试验被称为 n 重贝努利试验. 这里的"独立"是指各次试验的结果互不影响;"重复"是指在每次试验中 $P(A)=p,P(\overline{A})=1-p$ 保持不变.

在 n 重贝努利试验中,如果用随机变量 X 表示 n 次试验中事件 A 发生的次数,则 X 所有可能取到的值为 $0,1,\cdots,n$,且 $p_i=P\{X=i\}=C_n^i p^i(1-p)^{n-i}(i=0,1,\cdots,n)$.

容易验证:

(1)$p_i\geqslant 0(i=0,1,\cdots,n)$;

(2)$\displaystyle\sum_{i=0}^n p_i=\sum_{i=0}^n C_n^i p^i(1-p)^{n-i}=[p+(1-p)]^n=1.$

由于 $C_n^i p^i(1-p)^{n-i}$ 恰好是二项式 $(p+q)^n$(其中 $q=1-p$)展开式中的第 $i+1$ 项,因此,通常称这个离散型随机变量 X 服从参数为 n,p 的二项分布,记作 $X\sim B(n,p)$.

二项分布的分布律用表格可表示为

X	0	1	$\cdots$	i	$\cdots$	n
P	$(1-p)^n$	$C_n^1 p(1-p)^{n-1}$	$\cdots$	$C_n^i p^i(1-p)^{n-i}$	$\cdots$	p^n

如果 $n=1$,那么 i 只能取 0 和 1,这时分布律为 $P\{X=i\}=p^i(1-p)^{1-i}(i=0,1)$,即随机变量 X 服从 0-1 分布,即 0-1 分布是二项分布的特例.

【例 2-5】　某工厂产品的次品率是 0.02,求在任意的 100 件产品中:(1)有 4 件次品的概率;(2)不少于 3 件次品的概率.

解　每件产品只有两种可能,要么是次品,要么不是次品,所以每次抽取 1 件可以看作是一次贝努利试验,抽 100 件产品可看作 $n=100$ 的贝努利试验,设 X 为抽取的 100 件产品中的次品数,则 $X\sim B(100,0.02)$.

(1)$P\{X=4\}=C_{100}^4(0.02)^4(0.98)^{96}$.

(2)$P\{X\geqslant3\}=C_{100}^i(0.02)^i(0.98)^{100-i}=1-P(X=0)-P(X=1)-P(X=2)$

$\qquad=1-C_{100}^0(0.02)^0(0.98)^{100}-C_{100}^1(0.02)^1(0.98)^{99}-$

$\qquad C_{100}^2(0.02)^2(0.98)^{98}.$

上式的计算显然并不容易,为了解决类似计算的问题,1837 年,法国数学家 Poisson 引入了一种近似计算方法,即泊松定理.

3. 泊松(Poisson)分布

若随机变量 X 所有可能取得的值为 $0,1,2,\cdots$,且取各值的概率为

$$p_i=P\{X=i\}=\frac{\lambda^i}{i!}e^{-\lambda},i=0,1,2,\cdots,$$

其中 $\lambda>0$ 是常数,则称 X 服从参数为 λ 的**泊松(Poisson)分布**,记作 $X\sim\pi(\lambda)$.

泊松分布的分布律用表格表示如下:

X	0	1	2	$\cdots$	i	$\cdots$
P	$e^{-\lambda}$	$\lambda e^{-\lambda}$	$\frac{\lambda^2}{2!}e^{-\lambda}$	$\cdots$	$\frac{\lambda^i}{i!}e^{-\lambda}$	$\cdots$

显然,p_i 满足离散型随机变量分布律的两个性质:

$(1)p_i\geqslant0(i=0,1,\cdots);(2)\sum_{i=0}^{\infty}p_i=\sum_{i=0}^{\infty}\left(\frac{\lambda^i}{i!}e^{-\lambda}\right)=e^{-\lambda}\sum_{i=0}^{\infty}\frac{\lambda^i}{i!}=e^{-\lambda}e^{\lambda}=1.$

泊松定理指出,以 n、p 为参数的二项分布,其极限分布是参数为 $\lambda(\lambda=np)$ 的泊松分布.泊松分布是概率论中几个重要的分布之一,无论在理论上还是在实践中都有其重要意义.人们发现生活中许多现象都服从于泊松分布,诸如一本书一页中的印刷错误数、电话交换台在一段时间内接到的电话呼叫次数、公交站台在某个时段的候车人数等.在物理学、生物学等领域,泊松分布也占有重要地位,如某时段到达某地区宇宙粒子的数目、显微镜下落入某区域的微生物的个数等都服从于泊松分布.

【例 2-6】 商店某商品的销售量 X 服从参数为 $\lambda=10$ 的泊松分布,为了以 95% 以上的概率保证该商品不脱销,问商店在月底至少应进该商品多少件?

解 设商店月底进货 n 件,则有 $P\{X\leqslant n\}\geqslant95\%$.

因为 $X\sim\pi(10)$,所以有

$$\sum_{i=0}^n\frac{10^i}{i!}e^{-10}\geqslant0.95.$$

由泊松分布表可知

$$\sum_{i=0}^{14}\frac{10^i}{i!}e^{-10}=0.917<0.95,$$

$$\sum_{i=0}^{15}\frac{10^i}{i!}e^{-10}=0.951>0.95.$$

故该商店在上个月没有存货的假设下,在月底进该商品 15 件,就可以以 95% 的概率保证在下个月内不脱销.

定理 1 (泊松定理)假设随机变量 $X_n(n=1,2,\cdots)$,$X_n\sim B(n,p_n)$,且 $np_n=\lambda_n\rightarrow\lambda$

$(n \rightarrow \infty)$，则对任意的 i，有下式成立：

$$\lim_{n \rightarrow \infty} C_n^i p_n^i (1-p_n)^{n-i} = \frac{\lambda^i}{i!} e^{-\lambda}$$

证明 由 $np_n = \lambda_n$，可得 $p_n = \frac{\lambda_n}{n}$，从而有

$$C_n^i p_n^i (1-p_n)^{n-i} = \frac{n(n-1)\cdots(n-i+1)}{i!} \left(\frac{\lambda_n}{n}\right)^i \left(1-\frac{\lambda_n}{n}\right)^{n-i}$$

$$= \frac{\lambda_n^i}{i!} \left(1-\frac{1}{n}\right)\left(1-\frac{2}{n}\right)\cdots\left(1-\frac{i-1}{n}\right)\left(1-\frac{\lambda_n}{n}\right)^{n-i}$$

对于固定的 i，有

$$\lim_{n \rightarrow \infty} \left(1-\frac{1}{n}\right)\left(1-\frac{2}{n}\right)\cdots\left(1-\frac{i-1}{n}\right) = 1, \quad \lim_{n \rightarrow \infty} \frac{\lambda_n^i}{i!} = \frac{\lambda^i}{i!}$$

$$\lim_{n \rightarrow \infty} \left(1-\frac{\lambda_n}{n}\right)^{n-i} = \lim_{n \rightarrow \infty} \left[\left(1-\frac{\lambda_n}{n}\right)^{\frac{n}{\lambda_n}}\right]^{\frac{n-i}{n}\lambda_n} = (e^{-1})^{\lambda} = e^{-\lambda}$$

所以有

$$\lim_{n \rightarrow \infty} C_n^i p_n^i (1-p_n)^{n-i} = \frac{\lambda^i}{i!} e^{-\lambda}.$$

根据此定理，当 n 充分大，p 较小时（一般当 $p \leqslant 0.1$ 时），可以得到如下近似公式：

$$C_n^i p_n^i (1-p_n)^{n-i} \approx \frac{\lambda^i}{i!} e^{-\lambda} \quad (\text{其中 } \lambda = np).$$

现在利用这个近似公式及附录中的泊松分布表来计算例 2-5 中的概率.

因为 $n=100$，$p=0.02$，所以 $\lambda = np = 2$，从而有

(1) $P\{X=4\} = P\{X \leqslant 4\} - P\{X \leqslant 3\} \approx 0.090$；

(2) $P\{X \geqslant 3\} = 1 - P\{X \leqslant 2\} \approx 1 - \sum_{i=0}^{2} \frac{2^i}{i!} e^{-2} = 0.323\,3.$

课堂练习

1. 下表中所列出的是否为某个随机变量的分布律？

(1)

X	1	3	5	7
P	0.2	0.3	0.1	0.4

(2)

X	1	3	5	7
P	0.2	0.2	0.1	0.1

2. 投掷一枚骰子两次，以 X 表示其出现的点数和，试写出随机变量 X 的分布律.

3. 设随机变量 X 的分布律为 $P\{X=i\} = C\left(\frac{2}{3}\right)^i \ (i=1,2,3)$，求常数 C 的值.

4. 设随机变量 $X \sim B(2,p)$，随机变量 $Y \sim B(3,p)$，若 $P\{X \geqslant 1\} = \frac{4}{9}$，求 $P\{Y \geqslant 1\}$.

5.某人每天上班要经过3个有红绿灯控制的十字路口,假设在每个十字路口遇到红灯的事件是相互独立的,并且概率都是 $\dfrac{1}{3}$,设 X 为途中所遇到红灯的次数,求随机变量 X 的分布律及至多遇到1次红灯的概率.

6.一路段每天有大量的汽车通过,设每辆汽车在一天的某段时间内发生交通事故的概率为 0.000 1.经调查表明,在某天的该段时间内有 2 000 辆汽车通过该路段,求至少发生两次交通事故的概率(利用泊松定理估算).

2.3 随机变量的分布函数

上一节对离散型随机变量的概率分布进行了描述,但是对于非离散型随机变量,其可能取的值不只有限个或可列个,其值可以充满某个区间,而且它取某个特定值的概率都等于 0.对于此类随机变量,例如测量误差 ε,原件寿命 T 等,在实际运用中,我们对误差 $\varepsilon = 0.03$ mm,寿命 $T=1\ 300$ h 这样的概率可能并不感兴趣,而通常考虑的是随机变量的取值落在某个区间的概率.

这一节将引进分布函数的概念,用此概念对不同类别随机变量的取值及其取值规律做出统一的描述.这一概念的引入,使我们更加充分地利用数学分析作为工具研究随机现象.

定义 设 X 是一个随机变量,x 是任意实数,函数
$$F(x)=P\{X\leqslant x\}$$
称为随机变量 X 的**分布函数**.

分布函数是一个普通的函数,其中 x 是任意实数,$\{X\leqslant x\}$ 表示"随机变量 X 落在以 x 为右端点的区间 $(-\infty,x]$"这一随机事件,分布函数 $F(x)=P\{X\leqslant x\}$ 表示该事件发生的概率(如图 2-1 所示).分布函数描述了随机变量的统计规律性.由定义可知,如果知道一个随机变量 X 的分布函数,则任何随机事件 $\{x_1<X\leqslant x_2\}$ 发生的概率就可由下式求出:
$$P\{x_1<X\leqslant x_2\}=P\{X\leqslant x_2\}-P\{X\leqslant x_1\}$$
$$=F(x_2)-F(x_1).$$

分布函数具有以下性质:

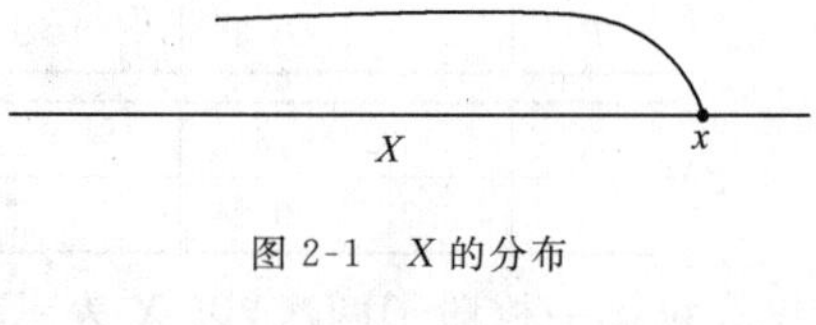

(1)$F(x)$ 是 x 的不减函数.

事实上,对于任意的 $x_1,x_2\ (x_1<x_2)$,都有

图 2-1 X 的分布

$F(x_2)-F(x_1)=P\{x_1<X\leqslant x_2\}\geqslant 0.$

(2)$0\leqslant F(x)\leqslant 1.$

由于分布函数是某一事件的概率,根据概率的定义,此性质显然成立.

$$F(-\infty)=\lim_{x\to-\infty}F(x)=0, F(+\infty)=\lim_{x\to+\infty}F(x)=1.$$

可以从几何意义上加以理解:在数轴上,当区间右端点 x 无限向左移动时,则"随机点 X 落在点 x 左边"这一随机事件趋于不可能事件,其概率趋于 0;同理,当区间右端点 x 无限向右移动时,则"随机点 X 落在点 x 左边"这一随机事件趋于必然事件,从而其概率趋于 1.

(3)$F(x+0)=F(x)$,即 $F(x)$ 是右连续的.(证略)

(4)$P\{a<X\leqslant b\}=F(b)-F(a)$.

【例 2-7】　设 X 是一维离散型随机变量,其分布律可用表格表示为

X	0	1	2	
P	0.1	0.5	0.4	

求 X 的分布函数.

解　当 $x<0$ 时,$F(x)=P(X\leqslant x)=P(\varnothing)=0$;

当 $0\leqslant x<1$ 时,$F(x)=P\{X\leqslant x\}=P\{X=0\}=0.1$;

当 $1\leqslant x<2$ 时,$F(x)=P\{X\leqslant x\}=P\{X=0\}+P\{X=1\}=0.6$;

当 $x\geqslant2$ 时,$F(x)=P\{X\leqslant x\}=P\{X=0\}+P\{X=1\}+P\{X=2\}=1$.

所以 X 的分布函数是

$$F(x)=\begin{cases}0, & x<0\\0.1, & 0\leqslant x<1\\0.6, & 1\leqslant x<2\\1, & x\geqslant2\end{cases}.$$

分布函数 $F(x)$ 是一个分段函数,如图 2-2 所示.

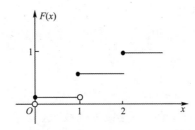

图 2-2　分布函数 $F(x)$

一般地,若离散型随机变量 X 的分布律是

X	x_1	x_2	$\cdots$	x_i	$\cdots$
P	p_1	p_2	$\cdots$	p_i	$\cdots$

则由分布函数的定义和概率的可加性可知,X 的分布函数为

$$F(x)=P\{X\leqslant x\}=\sum_{x_i\leqslant x}p_i,$$

即分布函数 $F(x)$ 是 X 取小于或等于 x 的所有可能值的概率之和. $F(x)$ 可以写成分段函

数的形式,在 $x=x_i(i=1,2,\cdots)$ 处有跳跃,跳跃值为 $p_i=P\{X=x_i\}$.

课堂练习

1.设随机变量 X 服从 0-1 分布,即 $X\sim B(1,p)$,求 X 的分布函数,并做出图形.

2.设随机变量 X 的分布律如下表:

X	-2	0	2	4	6
P	0.1	0.2	0.2	0.1	0.4

求:(1) X 的分布函数;(2) $P\{0\leqslant X\leqslant 4\}$.

2.4 连续型随机变量及其概率密度

【例 2-8】 在区间 $[0,a]$ 上任意投掷一个质点,用 X 表示质点的坐标,设质点落在 $[0,a]$ 中任意小区间内的概率与这个小区间的长度成正比,求 X 的分布函数.

解 若 $x<0$,则 $\{X\leqslant x\}$ 是不可能事件,故 $F(x)=P\{X\leqslant x\}=0$.

若 $0\leqslant x<a$,则 $P\{0\leqslant X\leqslant x\}=kx$,$k$ 是常数,为了确定 k 的值,取 $x=a$,由 $P\{0\leqslant X\leqslant a\}=1$ 可得 $k=\dfrac{1}{a}$,故 $F(x)=P\{X\leqslant x\}=P\{X<0\}+P\{0\leqslant X\leqslant x\}=\dfrac{x}{a}$.

若 $x\geqslant a$,则 $\{X\leqslant x\}$ 是必然事件,于是 $F(x)=P\{X\leqslant x\}=1$.

综上所述,X 的分布函数为

$$F(x)=\begin{cases}0, & x<0 \\ \dfrac{x}{a}, & 0\leqslant x<a \\ 1, & x\geqslant a.\end{cases}$$

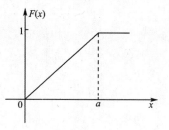

图 2-3 $F(x)$ 的图形

$F(x)$ 的图形如图 2-3 所示,是一条连续的曲线.这里的 $F(x)$ 是定义在实数集 **R** 上的一个连续函数,没有跳跃点,比例系数 $k=\dfrac{1}{a}$ 反映了随机分布在区间 $[0,a]$ 上任意一个子区间的概率密度.假如构造一个函数

$$f(x)=\begin{cases}\dfrac{1}{a}, & 0<x<a \\ 0, & 其他\end{cases}$$

可以发现随机变量 X 的分布函数 $F(x)$ 恰好是非负函数 $f(x)$ 在 $(-\infty,x]$ 上的积分,即对任意的实数 x,都有

$$F(x) = \int_{-\infty}^{x} f(t)\,\mathrm{d}t$$

和离散型随机变量不同,这是一种新的随机变量,称之为连续型随机变量. 我们给出其一般定义:

定义　设 X 为一随机变量,$F(x)$ 为 X 的分布函数,若存在非负可积函数 $f(x)$,使得对于任意实数 x,都有

$$F(x) = \int_{-\infty}^{x} f(t)\,\mathrm{d}t$$

则称 X 为连续型随机变量,其中函数 $f(x)$ 称为**概率密度函数**,简称概率密度.

显然,概率密度 $f(x)$ 具有以下几个性质:

(1) $f(x) \geqslant 0$;

(2) $\int_{-\infty}^{+\infty} f(x)\,\mathrm{d}x = 1$;

(3) $P\{x_1 < X \leqslant x_2\} = \int_{x_1}^{x_2} f(x)\,\mathrm{d}x = F(x_2) - F(x_1)$;

(4) 若 $f(x)$ 在点 x 连续,则有 $F'(x) = f(x)$.

性质(1)表明了密度函数 $f(x)$ 是非负函数. 由性质(2)可知,介于曲线 $y = f(x)$ 与 x 轴之间的面积等于 1(如图 2-4 所示的阴影部分). 由性质(3)可知,给定密度函数 $f(x)$,便可以计算出连续型随机变量 X 落入区间 $(x_1, x_2]$ 的概率,其值等于区间 $(x_1, x_2]$ 上曲线 $y = f(x)$ 下方的曲边梯形的面积(如图 2-5 所示的阴影部分). 由性质(4),对于 $f(x)$ 的连续点 x,有

$$f(x) = \lim_{\Delta x \to 0^+} \frac{F(x + \Delta x) - F(x)}{\Delta x} = \lim_{\Delta x \to 0^+} \frac{P\{x < X \leqslant x + \Delta x\}}{\Delta x}.$$

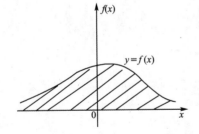
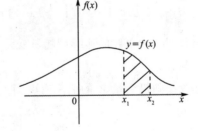

图 2-4　曲线 $f(x)$ 与 x 轴之间的面积　　　　图 2-5　曲线 $f(x)$ 下方曲边梯形的面积

下面计算 $P\{X = c\}$(其中,c 为一常数),设 $h > 0$,因为

$$P\{X = c\} \leqslant P\{c \leqslant X < c + h\} = \int_{c}^{c+h} f(x)\,\mathrm{d}x,$$

所以有

$$0 \leqslant P\{X = c\} \leqslant \lim_{h \to 0} \int_{c}^{c+h} f(x)\,\mathrm{d}x = 0,$$

故 $P\{X = c\} = 0$.

在这里,事件$\{X=c\}$不一定是不可能事件,但是$P\{X=c\}=0$.因此,需注意,若事件A是不可能事件,则$P\{A\}=0$,反之不然,若$P\{A\}=0$,并不意味着A是不可能事件.

由于连续型随机变量取个别值的概率为0,所以改变概率密度$f(x)$在个别点的函数值也并不影响分布函数$F(x)$的取值,这与离散型随机变量显然是不同的.因此用列举连续型随机变量取某个值的概率来描述这类随机变量是毫无意义的.另外,可以得出:在计算连续型随机变量落在某一个区间的概率时,可以不必区分该区间是开区间还是闭区间,即

$$P\{x_1 \leqslant X < x_2\} = P\{x_1 < X \leqslant x_2\} = P\{x_1 \leqslant X \leqslant x_2\}$$
$$= P\{x_1 < X < x_2\} = \int_{x_1}^{x_2} f(x)\mathrm{d}x.$$

【例 2-9】 设随机变量X的分布函数为

$$F(x) = A + B\arctan x \quad (-\infty < x < +\infty),$$

试求:(1)系数A和B的值;(2)X的密度函数;(3)$P\{-1 \leqslant X \leqslant 1\}$.

解 (1)由分布函数的性质,$F(-\infty) = \lim\limits_{x \to -\infty} F(x) = 0$,$F(+\infty) = \lim\limits_{x \to +\infty} F(x) = 1$,可得

$$A - \frac{\pi}{2}B = 0, \quad A + \frac{\pi}{2}B = 1,$$

解得$A = \dfrac{1}{2}$,$B = \dfrac{1}{\pi}$.

(2)因为$F(x)$是一个连续函数,且存在一阶导数,故

$$f(x) = F'(x) = \frac{1}{\pi(1+x^2)} \quad (-\infty < x < +\infty).$$

(3)$P\{-1 \leqslant X \leqslant 1\} = \displaystyle\int_{-1}^{1} \frac{1}{\pi(1+x^2)}\mathrm{d}x = \frac{1}{2}$.

或用$P\{-1 \leqslant X \leqslant 1\} = F(1) - F(-1) = \dfrac{1}{2}$.

下面介绍三种重要的连续型随机变量.

1.均匀分布

若连续型随机变量X的概率密度为

$$f(x) = \begin{cases} \dfrac{1}{b-a}, & a < x < b \\ 0, & \text{其他} \end{cases},$$

则称X在区间(a,b)上服从均匀分布,记作$X \sim U(a,b)$.

显然,有$f(x) \geqslant 0$,且$\displaystyle\int_{-\infty}^{+\infty} f(x)\mathrm{d}x = 1$.

下面我们求随机变量X的分布函数$F(x)$.

当$x < a$时,

$$F(x) = P\{X \leqslant x\} = \int_{-\infty}^{x} f(t)\mathrm{d}t = \int_{-\infty}^{x} 0\mathrm{d}t = 0;$$

当 $a \leqslant x < b$ 时，

$$F(x) = P\{X \leqslant x\} = \int_{-\infty}^{x} f(t)\mathrm{d}t = \int_{-\infty}^{a} 0\mathrm{d}t + \int_{a}^{x} \frac{1}{b-a}\mathrm{d}t = \frac{x-a}{b-a};$$

当 $x \geqslant b$ 时，

$$F(x) = P\{X \leqslant x\} = \int_{-\infty}^{x} f(t)\mathrm{d}t = \int_{-\infty}^{a} 0\mathrm{d}t + \int_{a}^{b} \frac{1}{b-a}\mathrm{d}t + \int_{b}^{x} 0\mathrm{d}t = 1.$$

综上所述，X 的分布函数 $F(x)$ 为

$$F(x) = \int_{-\infty}^{x} f(t)\mathrm{d}t = \begin{cases} 0, & x < a \\ \dfrac{x-a}{b-a}, & a \leqslant x < b \\ 1, & x \geqslant b \end{cases}.$$

均匀分布密度函数 $f(x)$ 和分布函数 $F(x)$ 的图形分别如图 2-6、图 2-7 所示.

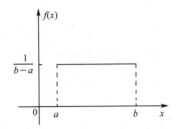

图 2-6　均匀分布密度函数 $f(x)$ 的图形　　　　图 2-7　均匀分布函数 $F(x)$ 的图形

【例 2-10】　设电阻值 R 是一个在区间 $(800, 1\,000)$ 上服从均匀分布的随机变量，求 r 的概率密度和 $P\{850 < r < 950\}$.

解　由题意可知，R 的概率密度为

$$f(r) = \begin{cases} \dfrac{1}{200}, & 800 < r < 1\,000 \\ 0, & \text{其他} \end{cases}.$$

故有

$$P\{850 < r < 950\} = \int_{850}^{950} \frac{1}{200}\mathrm{d}r = 0.5.$$

2. 指数分布

若连续型随机变量 X 的概率密度为

$$f(x) = \begin{cases} \lambda \mathrm{e}^{-\lambda x}, & x > 0 \\ 0, & x \leqslant 0 \end{cases}.$$

其中，$\lambda > 0$ 为常数，则称 X 为服从参数 λ 的指数分布，记作 $X \sim E(\lambda)$.

易知，$f(x) \geqslant 0$，且 $\int_{-\infty}^{+\infty} f(x)\mathrm{d}x = 1$.

由 X 的概率密度 $f(x)$，易得其分布函数为

$$F(x) = \int_{-\infty}^{x} f(t)\mathrm{d}t = \begin{cases} 1 - \mathrm{e}^{-\lambda x}, & x > 0 \\ 0, & x \leqslant 0 \end{cases}.$$

指数分布密度函数 $f(x)$ 和分布函数 $F(x)$ 的图形分别如图 2-8、图 2-9 所示.

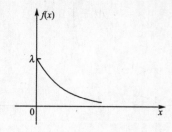

图 2-8　指数分布密度函数 $f(x)$ 的图形

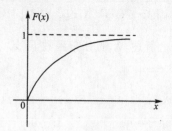

图 2-9　指数分布函数 $F(x)$ 的图形

指数分布是一种重要的分布,在排队论和可靠性理论中有着广泛的应用,如电子元件的寿命,随机服务系统中每次服务的时间等都可看作是服从指数分布.

【例 2-11】 设连续型随机变量 X 的概率密度为

$$f(x) = \begin{cases} \lambda \mathrm{e}^{-3x}, & x > 0 \\ 0, & x \leqslant 0 \end{cases}.$$

求:(1)确定常数 λ;(2)求 X 的分布函数;(3)求 $P\{X>2\}$.

解　(1)由概率密度的性质,得

$$\int_{-\infty}^{+\infty} f(x)\mathrm{d}x = \lambda \int_{0}^{+\infty} \mathrm{e}^{-3x}\mathrm{d}x = \frac{\lambda}{3} = 1$$

解得 $\lambda = 3$.

(2)X 的分布函数为

$$F(x) = \int_{-\infty}^{x} f(t)\mathrm{d}t = \begin{cases} 1 - \mathrm{e}^{-3x}, & x > 0 \\ 0, & x \leqslant 0 \end{cases}.$$

(3)$P\{X>2\} = \int_{2}^{+\infty} 3\mathrm{e}^{-3x}\mathrm{d}x = \mathrm{e}^{-6}$.

或 $P\{X>2\} = 1 - P\{X \leqslant 2\} = 1 - F(2) = 1 - (1 - \mathrm{e}^{-6}) = \mathrm{e}^{-6}$.

注:若 $X \sim f(x) = \begin{cases} \dfrac{1}{\theta} \mathrm{e}^{-\frac{1}{\theta}x}, & x > 0 \\ 0, & x \leqslant 0 \end{cases}$. 即 $\lambda = \dfrac{1}{\theta}$,$X$ 也服从指数分布.

3. 正态分布(也叫高斯分布)

若连续型随机变量 X 的概率密度为

$$f(x) = \frac{1}{\sqrt{2\pi}\sigma} \mathrm{e}^{-\frac{(x-\mu)^2}{2\sigma^2}}, \quad -\infty < x < +\infty$$

其中,μ 和 σ 都是常数,且 $\sigma > 0$,则称 X 为服从参数 μ,σ^2 的正态分布,记作 $X \sim N(\mu, \sigma^2)$,

相应的分布函数为

$$F(x) = \frac{1}{\sqrt{2\pi}\,\sigma} \int_{-\infty}^{x} e^{-\frac{(y-\mu)^2}{2\sigma^2}} \, \mathrm{d}y, \quad -\infty < x < +\infty.$$

显然，$f(x) \geqslant 0$，下面利用反常积分 $\int_{-\infty}^{+\infty} e^{-\frac{x^2}{2}} \mathrm{d}x = \sqrt{2\pi}$ 来验证 $\int_{-\infty}^{+\infty} f(x)\mathrm{d}x = 1$.

$$\int_{-\infty}^{+\infty} f(x)\mathrm{d}x = \int_{-\infty}^{+\infty} \frac{1}{\sqrt{2\pi}\,\sigma} e^{-\frac{(x-\mu)^2}{2\sigma^2}} \mathrm{d}x = \frac{1}{\sqrt{2\pi}} \int_{-\infty}^{+\infty} e^{-\frac{y^2}{2}} \mathrm{d}y = \frac{1}{\sqrt{2\pi}} \times \sqrt{2\pi} = 1.$$

上面积分过程中引入了替换变量 $y = \dfrac{x-\mu}{\sigma}$.

正态分布密度函数 $f(x)$ 还具有以下性质(图形如图 2-10 所示)：

(1) 曲线关于直线 $x = \mu$ 对称,故对任意的 $c > 0$,都有

$$P\{\mu - c < X \leqslant \mu\} = P\{\mu < X \leqslant \mu + c\}$$

(2) 曲线以 x 轴为渐近线,在 $(-\infty, \mu)$ 单调上升,在 $(\mu, +\infty)$ 单调下降,在 $x = \mu$ 处取得最大值 $f(\mu) = \dfrac{1}{\sqrt{2\pi}\,\sigma}$.

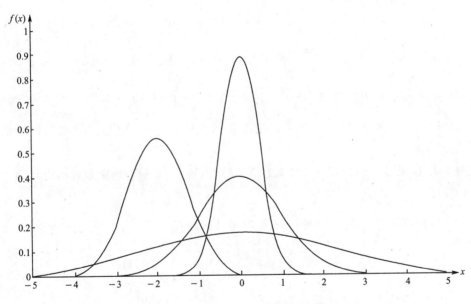

图 2-10　正态分布密度函数 $f(x)$ 的图形

(3) 当固定 μ,改变 σ 的值时,曲线 $f(x)$ 随着 σ 的值变小而在 $x = \mu$ 近旁变得愈加陡峭,因而落在 $x = \mu$ 附近的概率越大. 反之,当 σ 的值变大时,曲线在 $x = \mu$ 近旁变得愈加平坦,相应地落在 $x = \mu$ 附近的概率也就越小.

特别地,当 $\mu = 0, \sigma = 1$ 时,即 $X \sim N(0,1)$ 时,称 X 服从参数为 $\mu = 0, \sigma^2 = 1$ 的**标准正态分布**,此时,密度函数和分布函数记为 $\varphi(x)$ 和 $\Phi(x)$,即

$$\varphi(x) = \frac{1}{\sqrt{2\pi}} e^{-\frac{x^2}{2}}, \quad -\infty < x < +\infty.$$

$$\Phi(x) = \frac{1}{\sqrt{2\pi}} \int_{-\infty}^{x} e^{-\frac{y^2}{2}} dy, \quad -\infty < x < +\infty.$$

易知

$$\Phi(-x) \xlongequal{\text{令} y = -t} \frac{1}{\sqrt{2\pi}} \int_{x}^{+\infty} e^{-\frac{t^2}{2}} dt$$

$$= 1 - \frac{1}{\sqrt{2\pi}} \int_{-\infty}^{x} e^{-\frac{t^2}{2}} dt = 1 - \Phi(x).$$

由于 $\varphi(-x) = \varphi(x)$ 以及 $\Phi(-x) = 1 - \Phi(x)$，所以本书附录可供查用的标准正态分布表中的 x 都取非负数.

可以验证，正态分布和标准正态分布之间有着密切关系. 若随机变量 $X \sim N(\mu, \sigma^2)$，则有 $\frac{X-\mu}{\sigma} \sim N(0,1)$. 也就是说，当随机变量服从正态分布时，只需通过一个线性变换把它换成标准正态分布即可.

从表中可以得出，若 $X \sim N(\mu, \sigma^2)$，则

$$P\{|X-\mu| < \sigma\} = P\left\{-1 < \frac{X-\mu}{\sigma} < 1\right\} = \Phi(1) - \Phi(-1) = 2\Phi(1) - 1 \approx 0.682\,7$$

$$P\{|X-\mu| < 2\sigma\} = P\left\{-2 < \frac{X-\mu}{\sigma} < 2\right\} = \Phi(2) - \Phi(-2) = 2\Phi(2) - 1 \approx 0.954\,5$$

$$P\{|X-\mu| < 3\sigma\} = P\left\{-3 < \frac{X-\mu}{\sigma} < 3\right\} = \Phi(3) - \Phi(-3) = 2\Phi(3) - 1 \approx 0.997\,3$$

可以发现，在一次试验中，X 几乎总是落在 $(\mu-3\sigma, \mu+3\sigma)$ 之中，这被人们称作正态分布的"3σ"原则.

【例2-12】 设 $X \sim N(3, 2^2)$，(1)求 $P\{X \leqslant 5\}$，$P\{|x| > 2\}$；(2)确定常数 c，使 $P\{X > c\} = P\{X \leqslant c\}$.

解 (1)由 $X \sim N(3, 2^2)$，可得 $\frac{X-3}{2} \sim N(0,1)$，故有

$$P\{X \leqslant 5\} = P\left\{\frac{X-3}{2} \leqslant \frac{5-3}{2}\right\} = \Phi(1) = 0.841\,3$$

$$P\{|x| > 2\} = 1 - P\{-2 \leqslant X \leqslant 2\} = 1 - \left[\Phi\left(\frac{2-3}{2}\right) - \Phi\left(\frac{-2-3}{2}\right)\right]$$

$$= 1 - \left\{\left[1 - \Phi\left(\frac{1}{2}\right)\right] - \left[1 - \Phi\left(\frac{5}{2}\right)\right]\right\}$$

$$= 1 - (0.308\,5 - 0.006\,2) = 0.697\,7$$

(2)由 $P\{X > c\} = P\{X \leqslant c\}$，可得

$$1 - P\{X \leqslant c\} = P\{X \leqslant c\}$$

即有 $P\{X \leqslant c\} = \frac{1}{2}$，所以有 $\Phi\left(\frac{c-3}{2}\right) = \frac{1}{2}$，查表得 $\frac{c-3}{2} = 0$，故 $c = 3$.

课堂练习

1.设随机变量 X 的分布函数为

$$F(x) = \begin{cases} 0, & x < 0 \\ A\sqrt{x}, & 0 \leqslant x < 1 \\ 1, & x \geqslant 1 \end{cases}.$$

求:(1)系数 A;(2)X 的概率密度;(3)$P\{0 \leqslant X \leqslant 0.5\}$.

2.设连续型随机变量 X 的概率密度为

$$f(x) = \begin{cases} x, & 0 < x \leqslant 1 \\ 2 - x, & 1 < x \leqslant 2 \\ 0, & \text{其他} \end{cases}.$$

求:(1)X 的分布函数;(2)$P\{0.5 \leqslant X \leqslant 2.5\}$.

3.若连续型随机变量 X 在 $(2,8)$ 上服从均匀分布,求方程 $t^2 + Xt + 1 = 0$ 有实根的概率.

4.设顾客在某银行的窗口等待服务时间 X(单位:分钟)服从参数 λ 的指数分布,其概率密度为 $f_X(x) = \begin{cases} \dfrac{1}{5} e^{-\frac{x}{5}}, & x > 0 \\ 0, & x \leqslant 0 \end{cases}$.某顾客在窗口等待服务,若超过 15 分钟,他就离开.求他某天去银行没等到服务而离开的概率.

5.设 $X \sim N(3, 2^2)$,借助标准正态分布的分布函数表计算:(1)$P\{2 \leqslant X \leqslant 4\}$;(2)$P\{|X| > 3\}$;(3)$P\{X < 2\}$.

6.设电池寿命(单位:小时)是一个随机变量 X,且 $X \sim N(300, 30^2)$,(1)求这种电池寿命超过 250 小时的概率;(2)求一个实数 x,使电池寿命在 $(300 - x, 300 + x)$ 取值的概率不小于 0.8.

7.若连续型随机变量 $X \sim N(\mu, \sigma^2)$ $(\sigma > 0)$,且方程 $t^2 + 4t + X = 0$ 无实根的概率为 $\dfrac{1}{2}$,求 μ 的值.

2.5 随机变量函数的分布

在分析和解决实际问题中,我们不仅要对随机变量的分布进行研究,对随机变量函数的分布研究也是尤为重要的.例如某商品的销售量是一个随机变量 X,销售该商品的利润 Y 也是一个随机变量,显然 Y 是 X 的函数,即 $Y = g(X)$,我们可以从销售量的分布推算

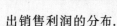

出销售利润的分布.

设 X 是一维随机变量,且概率分布已知,$g(x)$ 是连续函数,那么 $Y=g(X)$ 也是一个随机变量,下面根据 X 是离散型和连续型两种不同情况分别给出 $Y=g(X)$ 的分布.

1. 一维离散型随机变量函数的分布

设 X 是一维离散型随机变量,其分布律为

$$P\{X=x_i\}=p_i \quad (i=1,2,\cdots),$$

则 $Y=g(X)$ 也是一个离散型随机变量,其相应的概率为

$$P\{Y=g(x_i)\}=p_i \quad (i=1,2,\cdots).$$

需要注意的是,如果不同的 x_i 有相同的 $g(x_i)$,则应该把相同的 $g(x_i)$ 合并,同时把对应的概率 p_i 相加.

【例 2-13】 设离散型随机变量 X 的分布律为

X	-1	0	1	2	3
P	0.1	0.2	0.2	0.1	0.4

求:(1)$Y=2X$ 的分布律;(2)$Z=X^2-1$ 的分布律

解 (1)因为 X 的所有可能取值为 $-1,0,1,2,3$,且 $Y=2X$,所以 Y 所有可能取值为 $-2,0,2,4,6$,由 $P\{Y=2k\}=P\{X=k\}$,可得 Y 的分布律为

Y	-2	0	2	4	6
P	0.1	0.2	0.2	0.1	0.4

(2)因为 $Z=X^2-1$,所以 Z 所有可能取值为 $-1,0,3,8$,考虑到 $P\{Z=0\}=P\{X=1\}+P\{X=-1\}$,由 $P\{Z=k^2-1\}=P\{X=k\}$,可得 Z 的分布律为

Z	-1	0	3	8
P	0.2	0.3	0.1	0.4

2. 一维连续型随机变量函数的分布

下面通过一个例题来探讨如何求一维连续型随机变量函数的分布.

【例 2-14】 设连续型随机变量 X 的概率密度为

$$f_X(x)=\begin{cases} \dfrac{x}{3}, & 0<x<6 \\ 0, & \text{其他} \end{cases}.$$

求随机变量 $Y=2X+1$ 的概率密度.

解 分别记 X,Y 的分布函数为 $F_X(x),F_Y(y)$.则有

$$F_Y(y)=P\{Y\leqslant y\}=P\{2X+1\leqslant y\}=P\left\{X\leqslant \frac{y-1}{2}\right\}=F_X\left(\frac{y-1}{2}\right)$$

将 $F_Y(y)$ 关于 y 求导数,得 $Y=2X+1$ 的概率密度为

$$f_Y(y)=f_X\left(\frac{y-1}{2}\right)\times\left(\frac{y-1}{2}\right)'=\frac{1}{2}f_X\left(\frac{y-1}{2}\right)$$

即

$$f_Y(y) = \begin{cases} \dfrac{y-1}{12}, & 1 < y < 13 \\ 0, & \text{其他} \end{cases}.$$

【例 2-15】 连续型随机变量 X 的概率密度为 $f_X(x)$，$-\infty < x < +\infty$，求 $Y = X^2$ 的概率密度.

解 分别记 X 和 Y 的分布函数为 $F_X(x)$、$F_Y(y)$.

因为 $Y = X^2 \geqslant 0$，故当 $y \leqslant 0$ 时，$F_Y(y) = 0$. 当 $y > 0$ 时，有

$$F_Y(y) = P\{Y \leqslant y\} = P\{X^2 \leqslant y\} = P\{-\sqrt{y} \leqslant X \leqslant \sqrt{y}\} = F_X(\sqrt{y}) - F_X(-\sqrt{y}).$$

将 $F_Y(y)$ 关于 y 求导数，可得 $Y = X^2$ 的概率密度为

$$f_Y(y) = \begin{cases} \dfrac{1}{2\sqrt{y}}\left[f_X(\sqrt{y}) - f_X(-\sqrt{y})\right], & y > 0 \\ 0, & y \leqslant 0 \end{cases}.$$

特别地，当 $X \sim N(0,1)$，其概率密度为

$$\varphi(x) = \frac{1}{\sqrt{2\pi}}e^{-\frac{x^2}{2}}, \quad -\infty < x < +\infty$$

把 $\varphi(x) = f_X(x)$ 代入函数 $f_Y(y)$ 中，可以得出 $Y = X^2$ 的概率密度为

$$f_Y(y) = \begin{cases} \dfrac{1}{\sqrt{2\pi}}y^{-\frac{1}{2}}e^{-\frac{y}{2}}, & y > 0 \\ 0, & y \leqslant 0 \end{cases}.$$

此时称 Y 服从自由度为 1 的 χ^2 分布，记为 $Y \sim \chi^2(1)$.

从上面解法可以看出，我们可以先求出 Y 的分布函数为 $F_Y(y)$，再经过对 y 求导数得出 Y 的概率密度 $f_Y(y)$. 在求 Y 的分布函数 $F_Y(y)$ 时，设法将其转化为 X 的分布函数. 下面针对 $Y = g(X)$，其中 $g(X)$ 是严格单调函数的特殊情况，给出 Y 的概率密度 $f_Y(y)$ 的一般求法.

定理 设连续型随机变量 X 的概率密度为 $f_X(x)$，$-\infty < x < +\infty$，函数 $g(x)$ 处处可导且恒有 $g'(x) > 0$（或 $g'(x) < 0$），则 $Y = g(X)$ 是连续型随机变量，其概率密度为

$$f_Y(y) = \begin{cases} f_X[h(y)]\,|h'(y)|, & \alpha < y < \beta \\ 0, & \text{其他} \end{cases}.$$

其中 $\alpha = \min(g(-\infty), g(+\infty))$，$\beta = \max(g(-\infty), g(+\infty))$，$h(y)$ 是 $g(x)$ 的反函数.

【例 2-16】 设随机变量 $X \sim E(\lambda)$，$Y = \sqrt{X}$，试求随机变量 Y 的概率密度 $f_Y(y)$.

解 $Y = \sqrt{X}$ 对应的函数 $y = g(x) = \sqrt{x}$ 在 $(0, +\infty)$ 上恒有 $g'(x) = \dfrac{1}{2\sqrt{x}} > 0$，且有反函数

$$x = h(y) = y^2, \quad h'(y) = 2y,$$

又随机变量 X 的概率密度为

$$f_X(x) = \begin{cases} \lambda e^{-\lambda x}, & x > 0 \\ 0, & x \leqslant 0 \end{cases}.$$

所以由定理，可得随机变量 Y 的概率密度为

$$f_Y(y) = \begin{cases} 2y\lambda e^{-\lambda y^2}, & y > 0 \\ 0, & \text{其他} \end{cases}.$$

课堂练习

1. 设离散型随机变量 X 的分布律为

X	-2	-1	0	1	2
p_i	$\frac{1}{6}$	$\frac{1}{5}$	$\frac{1}{15}$	$\frac{1}{3}$	$\frac{7}{30}$

求：(1) $Y = 2X + 1$ 的分布律；(2) $Z = X^2$ 的分布律.

2. 设随机变量 $X \sim N(0, 1^2)$，求下列各随机变量的概率密度：
(1) $Y = |X|$；(2) $Y = 2X^2$；(3) $Y = e^X$.

3. 设连续型随机变量 X 的概率密度为 $f_X(x)$，$-\infty < x < +\infty$，求 $Y = aX + b$ 的概率密度 ($a \neq 0$).

4. 设连续型随机变量 X 为服从参数 $\lambda = \frac{1}{2}$ 的指数分布，证明 $Y = 1 - e^{-2X}$ 在区间 $(0,1)$ 上服从均匀分布.

习题二

1. 已知甲、乙两个袋子中共装有 9 个大小相同的球，其中甲袋中有 3 个黑球 3 个白球，乙袋中有 2 个黑球 1 个白球，从甲袋中任取 3 个球放入乙袋后，求
(1) 乙袋中黑球个数 X 的分布律；
(2) $P\{X = 4\}$.

2. 一个工人用同一台机器接连独立地制造 3 个同种零件，第 i 个零件是不合格品的概率 $p_i = \frac{1}{i+1}$ $(i = 1, 2, 3)$，用 X 表示 3 个零件中合格品的个数，求随机变量 X 的分布律.

3. 设随机变量 X 的密度函数为

$$f(x) = \begin{cases} \dfrac{1}{2}\cos\dfrac{x}{2}, & 0 \leqslant x \leqslant \pi \\ 0, & \text{其他} \end{cases}.$$

对 X 独立重复观摩 4 次，Y 表示观摩值大于 $\frac{\pi}{3}$ 的次数，求 $P\{Y=2\}$.

4. 设随机变量 $X \sim \pi(\lambda)$，其中 $\lambda > 0$ 是常数，若 $P\{X=1\}=P\{X=2\}$，求 $P\{X=3\}$.

5. 若随机变量 X 在 $[0,6]$ 上服从均匀分布，求方程 $2t^2+2Xt+1=0$ 有实根的概率.

6. 在电源电压不超过 200 V、在 200~230 V 以及超过 230 V 三种情况下，某电子元件损坏的概率分别为 0.1、0.01、0.2. 假设电源电压 X 服从参数为 $\mu=200, \sigma^2=20^2$ 的正态分布，即 $X \sim N(200,20^2)$. 试求：

(1)电子元件损坏的概率；

(2)该电子元件损坏时，电源电压超过 230 V 的概率.

7. 已知随机变量 X 的概率密度为

$$f_X(x)=\begin{cases} ax+b, & 0<x<2 \\ 0, & \text{其他} \end{cases}.$$

且 $P\left\{X>\dfrac{1}{2}\right\}=\dfrac{7}{8}$.

求：(1)a,b 的值；(2)$P\{\dfrac{1}{3} \leqslant X < \dfrac{1}{2}\}$.

8. 设随机变量 X 的概率密度为

$$f(x)=\begin{cases} \dfrac{1}{3}, & 0 \leqslant x \leqslant 1 \\ \dfrac{2}{9}, & 3 \leqslant x \leqslant 6 \\ 0, & \text{其他} \end{cases}.$$

若 k 使得 $P\{X \geqslant k\}=\dfrac{2}{3}$，求 k 的取值范围.

9. 设随机变量 X 的概率密度为

$$f_X(x)=Ae^{-|x|}, \quad -\infty<x<+\infty$$

求：(1)常数 A；(2)X 落在区间 $(0,1)$ 内的概率；(3)X 的分布函数；(4)随机变量 $Y=X^2$ 的概率密度 $f_Y(y)$.

第 3 章   多维随机变量及其分布

3.1   二维随机变量

以上两章我们只限于讨论一个随机变量的情况,但在实际问题中,对于某些随机试验的结果需要同时用两个以上的随机变量来描述. 例如,为了研究某一地区学龄前儿童的发育情况,对这一地区的儿童进行抽查. 对于每个儿童都能观察到他的身高 H 和体重 W. 在这里,样本空间 $\Omega=\{$某地区的全部学龄前儿童$\}$,而 H 和 W 是定义在 Ω 上的两个随机变量. 又如炮弹弹着点的位置需要由它的横坐标和纵坐标来确定,而横坐标和纵坐标是定义在同一个样本空间的两个随机变量.

3.1.1   二维随机变量

一般地,设 E 是一个随机试验,它的样本空间是 Ω,设 $X=X(w)$ 和 $Y=Y(w)$ 对 $\forall w \in \Omega$,(X,Y) 都与之相对应,则称 (X,Y) 是定义在 Ω 上的**二维随机向量**或**二维随机变量** (如图 3-1). 按 (X,Y) 的取值情况,二维随机变量一般也分为离散型和连续型两大类.

二维随机变量 (X,Y) 的性质不仅与 X 及 Y 有关,而且还依赖于这两个随机变量的相互关系. 因此,逐个来研究 X 或 Y 的性质是不够的,还需将 (X,Y) 作为一个整体来进行研究.

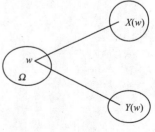

图 3-1   二维随机变量

和一维的情况类似,我们也借助"分布函数"来研究二维随机变量的概率分布.

3.1.2 联合分布函数

1.定义

设(X,Y)是二维随机变量,对于任意实数x,y,二元函数:
$$F(x,y)=P\{(X\leqslant x)\bigcap(Y\leqslant y)\}=P\{X\leqslant x,Y\leqslant y\}$$
称为二维随机变量(X,Y)的**分布函数**,或称为随机变量X和Y的**联合分布函数**.

如果将二维随机变量(X,Y)看成是平面上随机点的坐标,那么,分布函数$F(x,y)$在(x,y)处的函数值就是随机点(X,Y)落在如图 3-2 所示以(x,y)为顶点而位于该点左下方的无穷矩形域内的概率.

依照上述解释,借助于图 3-3 容易算出随机点(X,Y)落在矩形域$\{(x,y)\mid x_1<x\leqslant x_2,y_1<y\leqslant y_2\}$的概率为
$$P\{x_1<X\leqslant x_2,y_1<Y\leqslant y_2\}=F(x_2,y_2)-F(x_2,y_1)+F(x_1,y_1)-F(x_1,y_2) \quad (3\text{-}1)$$

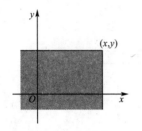

图 3-2 以(x,y)为顶点而位于该点左下方的无穷矩形域

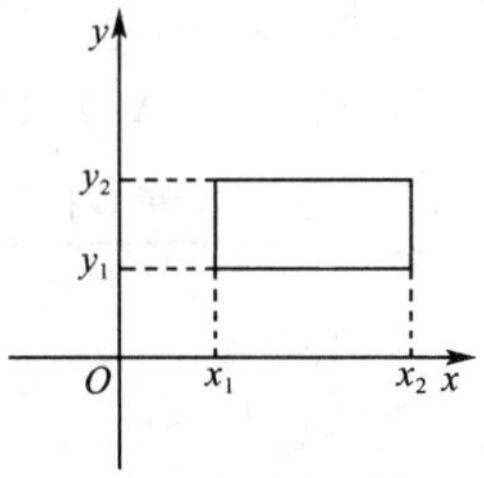

图 3-3 随机点形成的有限矩形域

2.性质

分布函数$F(x,y)$具有以下基本性质:

(1)$F(x,y)$是变量x和y的不减函数,即对于任意固定的y,当$x_2>x_1$时$F(x_2,y)\geqslant F(x_1,y)$;对于任意固定的$x$,当$y_2>y_1$时$F(x,y_2)\geqslant F(x,y_1)$.

(2)$0\leqslant F(x,y)\leqslant 1$,且

  对于任意固定的y,$F(-\infty,y)=0$,

  对于任意固定的x,$F(x,-\infty)=0$,

  $F(-\infty,-\infty)=0$,$F(+\infty,+\infty)=1$.

上面四个式子可以从几何上加以说明.例如,在图 3-2 中将无穷矩形域的右边界向左无限平移(即$x\rightarrow-\infty$),则"随机点(X,Y)落在这个矩形域内"这一事件趋于不可能事件,故其概率趋于 0,既有$F(-\infty,y)=0$;又如当$x\rightarrow+\infty,y\rightarrow+\infty$时图 3-2 中的无穷矩形域扩展到全平面,随机点$(X,Y)$落在其中这一事件趋于必然事件,故其概率趋于 1,即$F(+\infty,+\infty)=1$.

(3)$F(x+0,y)=F(x,y)$,$F(x,y+0)=F(x,y)$,即$F(x,y)$关于x右连续,关于y也右连续.

(4)对于任意(x_1,y_1),(x_2,y_2),$x_1<x_2,y_1<y_2$,下述不等式成立:

$$F(x_2,y_2)-F(x_2,y_1)+F(x_1,y_1)-F(x_1,y_2)\geqslant0.$$

且

$$P(x_1\leqslant x\leqslant x_2,y_1\leqslant y\leqslant y_2)=F(x_2,y_2)-F(x_2,y_1)+F(x_1,y_1)-F(x_1,y_2)$$

这一性质由式(3-1)及概率的非负性即可得.

3.1.3 二维离散型随机变量的联合分布律

如果二维随机变量(X,Y)全部可能取得的值是有限对或可列无限多对,则称(X,Y)是**离散型随机变量**.

设二维离散型随机变量(X,Y)所有可能取得的值为$(x_i,y_j)(i,j=1,2,\cdots)$,记$P\{X=x_i,Y=y_j\}=p_{ij}(i,j=1,2,\cdots)$.

我们称$P\{X=x_i,Y=y_j\}=p_{ij}(i,j=1,2,\cdots)$为二维离散型随机变量$(X,Y)$的分布律,或称为随机变量$X$和$Y$的**联合分布律**.

离散型随机变量(X,Y)的概率分布见表3-1.

表 3-1   离散型随机变量(X,Y)的概率分布

X \ Y	y_1	y_2	$\cdots$	y_j	$\cdots$
x_1	p_{11}	p_{12}	$\cdots$	p_{1j}	$\cdots$
x_2	p_{21}	p_{22}	$\cdots$	p_{2j}	$\cdots$
$\vdots$	$\vdots$	$\vdots$	$\cdots$	$\vdots$	
x_i	p_{i1}	p_{i2}		p_{ij}	
$\vdots$	$\vdots$	$\vdots$		$\vdots$	

性质:(1)$p_{ij}\geqslant0$;

(2)$\displaystyle\sum_{i=1}^{+\infty}\sum_{j=1}^{+\infty}p_{ij}=1.$

【**例 3-1**】 设随机变量X在$1,2,3,4$四个整数中等可能地取一个值,另一个随机变量Y在$1\sim X$中等可能地取一整数值.试求(X,Y)的分布律.

解 由乘法公式容易求得(X,Y)的分布律.易知$\{X=i,Y=j\}$的取值情况是:$i=1,2,3,4;j$取不大于i的正整数,且

$$P\{X=i,Y=j\}=P\{Y=j|X=i\}P\{X=i\}=\frac{1}{i}\cdot\frac{1}{4}(i=1,2,3,4;j\leqslant i).$$

于是(X,Y)的分布律为

Y\X	1	2	3	4
1	$\frac{1}{4}$	0	0	0
2	$\frac{1}{8}$	$\frac{1}{8}$	0	0
3	$\frac{1}{12}$	$\frac{1}{12}$	$\frac{1}{12}$	0
4	$\frac{1}{16}$	$\frac{1}{16}$	$\frac{1}{16}$	$\frac{1}{16}$

将 (X,Y) 看成一个随机点的坐标,则离散型随机变量 X 和 Y 的联合分布函数为

$$F(x,y) = \sum_{x_i \leqslant x} \sum_{y_j \leqslant y} p_{ij} \tag{3-2}$$

式(3-2)是对一切满足 $x_i \leqslant x, y_j \leqslant y$ 的 i,j 来求和的.

3.1.4　二维连续型随机变量的联合分布函数

与一维随机变量相似,对于二维随机变量 (X,Y) 的分布函数 $F(x,y)$,如果存在非负可积函数 $f(x,y)$ 使对于任意 x,y 有

$$F(x,y) = \int_{-\infty}^{y} \int_{-\infty}^{x} f(u,v)\mathrm{d}u\mathrm{d}v,$$

则称 (X,Y) 是**二维连续型随机变量**,函数 $f(x,y)$ 称为二维连续型随机变量 (X,Y) 的**概率密度**,或称为随机变量 X 和 Y 的**联合概率密度**.

按定义,概率密度 $f(x,y)$ 具有以下性质:

(1) $f(x,y) \geqslant 0$.

(2) $\int_{-\infty}^{+\infty} \int_{-\infty}^{+\infty} f(x,y)\mathrm{d}x\mathrm{d}y = F(+\infty,+\infty) = 1$.

(3) 设 G 是 xOy 平面上的区域,点 (X,Y) 落在 G 内的概率为

$$P\{(X,Y) \in G\} = \iint\limits_{G} f(x,y)\mathrm{d}x\mathrm{d}y. \tag{3-3}$$

(4) 若 $f(x,y)$ 在点 (x,y) 连续,则有

$$\frac{\partial^2 F(x,y)}{\partial x \partial y} = f(x,y)$$

在几何上 $z=f(x,y)$ 表示空间的一个曲面.由性质(2)知,介于它和 xOy 平面的空间区域的体积为1.由性质(3),$P\{(X,Y) \in G\}$ 的值等于以 G 为底,以曲面 $z=f(x,y)$ 为顶面的柱体体积.

【例 3-2】 设 G 为平面上的有界区域,其面积为 A.若二维随机变量 (X,Y) 具有概率密度

$$f(x,y) = \begin{cases} \dfrac{1}{A}, & (x,y) \in G, \\ 0, & \text{其他} \end{cases},$$

则称 (X,Y) 在 G 上服从均匀分布.

【例 3-3】 设二维随机变量 (X,Y) 具有概率密度

$$f(x,y) = \begin{cases} 2e^{-(2x+y)}, & x>0, y>0 \\ 0, & \text{其他} \end{cases}.$$

(1)求分布函数 $F(x,y)$；(2)求概率 $P\{Y \leqslant X\}$.

解 (1) $F(x,y) = \int_{-\infty}^{y} \int_{-\infty}^{x} f(x,y)\mathrm{d}x\mathrm{d}y$

$$= \begin{cases} \int_{0}^{y} \int_{0}^{x} 2e^{-(2x+y)}\mathrm{d}x\mathrm{d}y, & x>0, y>0 \\ 0, & \text{其他} \end{cases}.$$

即有 $F(x,y) = \begin{cases} (1-e^{-2x})(1-e^{-y}), & x>0, y>0 \\ 0, & \text{其他} \end{cases}.$

(2) 将 (X,Y) 看作是平面上随机点的坐标. 即有

$$\{Y \leqslant X\} = \{(X,Y) \in G\},$$

其中 G 为 xOy 平面上直线 $y=x$ 及其下方部分,如图 3-4.于是

$$P\{Y \leqslant X\} = P\{(X,Y) \in G\} = \iint_{G} f(x,y)\mathrm{d}x\mathrm{d}y$$

$$= \int_{0}^{+\infty} \int_{y}^{+\infty} 2e^{-(2x+y)}\mathrm{d}x\mathrm{d}y = \frac{1}{3}$$

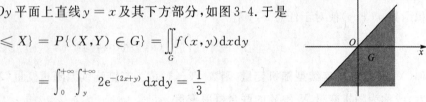

图 3-4 例 3-3

以上关于二维随机变量的讨论,不难推广到 $n(n>2)$ 维随机变量的情况.一般,设 E 是一个随机试验,它的样本空间是 Ω,对 $\forall w \in \Omega$,有 $X_1 = X_1(w), X_2 = X_2(w), \cdots, X_n = X_n(w)$ 与之相对应,则由它们构成的一个 n 维向量 $(X_1, X_2, \cdots, X_n)$ 叫作 **n 维随机向量**或 **n 维随机变量**.

对于任意 n 个实数 $x_1, x_2, \cdots, x_n$,则 n 元函数

$$F(x_1, x_2, \cdots, x_n) = P\{X_1 \leqslant x_1, X_2 \leqslant x_2, \cdots, X_n \leqslant x_n\}$$

称为 n 维随机变量 $(X_1, X_2, \cdots, X_n)$ 的分布函数或随机变量 $(X_1, X_2, \cdots, X_n)$ 的联合分布函数.它具有类似于二维随机变量的分布函数的性质.

课堂练习

1.在一个箱子中装有 12 只开关,其中 2 只是次品,在其中取两次,每次任取一只,考虑两种试验:(1)放回抽样;(2)不放回抽样.我们定义随机变量 X,Y 如下:

$$X = \begin{cases} 0, & \text{若第一次取出的是正品} \\ 1, & \text{若第一次取出的是次品} \end{cases} \qquad Y = \begin{cases} 0, & \text{若第二次取出的是正品} \\ 1, & \text{若第二次取出的是次品} \end{cases}$$

求 (X,Y) 的联合分布律.

2. 设二维随机变量 (X,Y) 的分布律为

Y X	1	2	3
0	0.20	0.10	0.15
1	0.30	0.15	0.10

则 $(1) P\{X<1, Y\leqslant 2\}=$ _____ ; $(2) P\{X+Y=2\}=$ _____ .

3. 设二维随机变量 (X,Y) 的联合密度为: $f(x,y)=\begin{cases} A(x+y), & 0<x<2, 0<y<4 \\ 0, & \text{其他} \end{cases}$.

(1) 确定常数 A ; (2) 求 $P\{X<1, Y\leqslant 2\}$; (3) 求 $P\{X<1.5\}$; (4) 求 $P\{X+Y<4\}$.

3.2　边缘分布

二维随机变量 (X,Y) 作为一个整体为联合概率分布,但若要单独考虑 X 或 Y 的概率分布,即为边缘分布.

3.2.1　边缘分布函数

设 (X,Y) 的联合分布函数为 $F(x,y)$. 而 X 和 Y 都是随机变量,各自也有分布函数,将它们分别记为 $F_X(x), F_Y(y)$,依次称为二维随机变量 (X,Y) 关于 X 和关于 Y 的边缘分布函数. 边缘分布函数可以由 (X,Y) 的分布函数 $F(x,y)$ 确定,事实上,
$$F_X(x)=P\{X\leqslant x\}=P\{X\leqslant x, Y<+\infty\}=F(x,+\infty),$$
即
$$F_X(x)=F(x,+\infty) \tag{3-4}$$
就是说,只要在函数 $F(x,y)$ 中令 $y\to+\infty$ 就能得到 $F_X(x)$. 同理
$$F_Y(y)=F(+\infty,y). \tag{3-5}$$

3.2.2　边缘分布律

对于离散型随机变量
$$F_X(x)=P\{X\leqslant x\}=P\{X\leqslant x, Y<+\infty\}=F(x,+\infty)=\sum_{x_i\leqslant x}\sum_{j=1}^{+\infty}p_{ij}.$$

所以 X 的分布律为
$$P\{X=x_i\}=\sum_{j=1}^{+\infty}p_{ij}, \quad i=1,2,\cdots.$$

同样, Y 的分布律为
$$P\{Y=y_j\}=\sum_{i=1}^{+\infty}p_{ij}, \quad j=1,2,\cdots.$$

记
$$p_{i\cdot} = \sum_{j=1}^{+\infty} p_{ij} = P\{X = x_i\}, \quad i = 1, 2, \cdots,$$

$$p_{\cdot j} = \sum_{i=1}^{+\infty} p_{ij} = P\{Y = y_j\}, \quad j = 1, 2, \cdots,$$

分别称 $p_{i\cdot}(i=1,2,\cdots)$ 和 $p_{\cdot j}(j=1,2,\cdots)$ 为 (X,Y) 关于 X 和关于 Y 的**边缘分布律**.

3.2.3 边缘分布概率密度函数

对于连续型随机变量 (X,Y), 设它的概率密度为 $f(x,y)$, 由于

$$F_X(x) = F(x,\infty) = \int_{-\infty}^{x} \left[\int_{-\infty}^{+\infty} f(x,y)\mathrm{d}y \right] \mathrm{d}x$$

由第 2 章知道, X 是一个连续型随机变量, 且其概率密度为

$$f_X(x) = \int_{-\infty}^{+\infty} f(x,y)\mathrm{d}y. \tag{3-6}$$

同样, Y 也是一个连续型随机变量, 且其概率密度为

$$f_Y(y) = \int_{-\infty}^{+\infty} f(x,y)\mathrm{d}x. \tag{3-7}$$

分别称 $f_X(x), f_Y(y)$ 为 (X,Y) 关于 X 和关于 Y 的边缘概率密度.

【例 3-4】 一整数 N 等可能地在 $1,2,3,\cdots,10$ 十个值中取一个值. 设 $D=D(N)$ 是能整除 N 的正整数的个数, $F=F(N)$ 是能整除 N 的素数的个数 (注意 1 不是素数). 试写出 D 和 F 的联合分布律. 并求边缘分布律.

解 先将试验的样本空间及 D、F 取值的情况列出:

样本点	1	2	3	4	5	6	7	8	9	10
D	1	2	2	3	2	4	2	4	3	4
F	0	1	1	1	1	2	1	1	1	2

D 所有可能取的值为 $1,2,3,4$; F 所有可能取的值为 $0,1,2$. 容易得到 (D,F) 取 (i,j), $i=1,2,3,4$, $j=0,1,2$ 的概率, 例如

$$P\{D=1, F=0\} = \frac{1}{10}, P\{D=2, F=1\} = \frac{4}{10},$$

可得 D 和 F 的联合分布律及边缘分布律如下:

F \ D	1	2	3	4	$P\{F=j\}$
0	$\frac{1}{10}$	0	0	0	$\frac{1}{10}$
1	0	$\frac{4}{10}$	$\frac{2}{10}$	$\frac{1}{10}$	$\frac{7}{10}$
2	0	0	0	$\frac{2}{10}$	$\frac{2}{10}$
$P\{D=i\}$	$\frac{1}{10}$	$\frac{4}{10}$	$\frac{2}{10}$	$\frac{3}{10}$	1

即有边缘分布律

D	1	2	3	4
p_k	$\dfrac{1}{10}$	$\dfrac{4}{10}$	$\dfrac{2}{10}$	$\dfrac{3}{10}$

F	0	1	2
p_k	$\dfrac{1}{10}$	$\dfrac{7}{10}$	$\dfrac{2}{10}$

我们常常将边缘分布律写在联合分布律表格的边缘.这就是"边缘分布律"这个名词的来源.

【例 3-5】　设随机变量 X 和 Y 具有联合概率密度(图 3-5)

$$f(x,y)=\begin{cases}6, & x^2 \leqslant y \leqslant x \\ 0, & 其他\end{cases}.$$

求边缘概率密度 $f_X(x),f_Y(y)$.

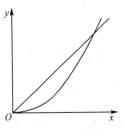

图 3-5　例 3-5

解　$f_X(x)=\displaystyle\int_{-\infty}^{+\infty}f(x,y)\mathrm{d}y$

$$=\begin{cases}\displaystyle\int_{x^2}^{x}6\mathrm{d}y=6(x-x^2), & 0\leqslant x\leqslant 1 \\ 0, & 其他\end{cases}.$$

$$f_Y(y)=\int_{-\infty}^{+\infty}f(x,y)\mathrm{d}x=\begin{cases}\displaystyle\int_{y}^{\sqrt{y}}6\mathrm{d}x=6(\sqrt{y}-y), & 0\leqslant y\leqslant 1 \\ 0, & 其他\end{cases}.$$

【例 3-6】　设二维随机变量 (X,Y) 的联合概率密度为

$$f(x,y)=\frac{1}{2\pi\sigma_1\sigma_2\sqrt{1-\rho^2}}\exp\left\{\frac{-1}{2(1-\rho^2)}\left[\frac{(x-\mu_1)^2}{\sigma_1^2}-2\rho\frac{(x-\mu_1)(y-\mu_2)}{\sigma_1\sigma_2}+\frac{(y-\mu_2)^2}{\sigma_2^2}\right]\right\}$$

其中 $\mu_1,\mu_2,\sigma_1,\sigma_2,\rho$ 都是常数,且 $\sigma_1>0,\sigma_2>0,-1<\rho<1$. 我们称 (X,Y) 为服从参数为 $\mu_1,\mu_2,\sigma_1,\sigma_2,\rho$ 的二维正态分布,记作

$$(X,Y)\sim N(\mu_1,\mu_2,\sigma_1^2,\sigma_2^2,\rho)$$

利用边缘分布的公式,我们可以求得

$$f_X(x)=\frac{1}{\sqrt{2\pi}\sigma_1}\mathrm{e}^{-\frac{(x-\mu_1)^2}{2\sigma_1^2}},-\infty<x<+\infty$$

$$f_Y(y)=\frac{1}{\sqrt{2\pi}\sigma_2}\mathrm{e}^{-\frac{(y-\mu_2)^2}{2\sigma_2^2}},-\infty<y<+\infty$$

我们看到二维正态分布的两个边缘分布都是一维正态分布,并且都不依赖于参数 ρ,亦即对于给定的 $\mu_1,\mu_2,\sigma_1,\sigma_2$,不同的 ρ 对应不同的二维正态分布,它们的边缘分布却都是一样的.这一事实表明,单有关于 X 和关于 Y 的边缘分布,一般来说是不能确定随机变量 X 和 Y 的联合分布的.

课堂练习

1.设二维随机变量(X,Y)的分布律为

X \ Y	1	2	3
0	0.20	0.10	0.15
1	0.30	0.15	0.10

求边缘分布律.

2.设随机变量(X,Y)的分布函数为 $F(x,y)=\begin{cases}(1-e^{-0.5x})(1-e^{-0.5y}),x\geqslant0,y\geqslant0\\0,其他\end{cases}$,

则 X 的边缘分布函数 $F_X(x)=$ _____.

3.3　条件分布

一般情况下,随机变量 X 的取值对随机变量 Y 的概率分布有影响.例如,X 和 Y 分别表示身高和体重.它们各自有一定的概率分布.若限制 X 的取值,则 Y 的概率分布肯定不同于原来的分布,这个分布就是条件分布.

在某种给定条件下(通常是 X 取某个特定值),随机变量 Y 的概率分布就称为条件分布.

3.3.1　离散型随机变量的条件分布律

定义1　设(X,Y)是二维离散型随机变量,若对于固定的 j,$P\{Y=y_i\}>0$,则称

$$P\{X=x_i|Y=y_j\}=\frac{P\{X=x_i,Y=y_j\}}{P\{Y=y_j\}}=\frac{p_{ij}}{p_{\cdot j}},\quad i=1,2,\cdots$$

为 $Y=y_j$ 条件下随机变量 X 的**条件(Conditional)分布律**.

同样,若对于固定的 i,$P\{X=x_i\}>0$,则称

$$P\{Y=y_j|X=x_i\}=\frac{P\{X=x_i,Y=y_j\}}{P\{X=x_i\}}=\frac{p_{ij}}{p_{i\cdot}},\quad j=1,2,\cdots$$

为 $X=x_i$ 条件下随机变量 Y 的**条件分布律**.

【例 3-7】　某射手击中目标的概率为 $p(0<p<1)$.连续射击直至击中目标两次为止,X 表示首次击中目标所射击的次数,Y 表示总射击次数.(1)求 $X=m$ 条件下,Y 的条件分布律;(2)求 $Y=n$ 条件下,X 的条件分布律.

解　X 和 Y 的联合分布律为

$$P\{X=m, Y=n\} = p^2(1-p)^{n-2}, \quad (n=2,3,\cdots; m=1,2,\cdots,n-1).$$

关于 X 的边缘分布律是

$$P\{X=m\} = p(1-p)^{m-1} \quad (m=1,2,\cdots);$$

关于 Y 的边缘分布律是

$$P\{Y=n\} = (n-1)p^2(1-p)^{n-2} \quad (n=2,3,\cdots).$$

条件分布律为

对于 $n=2,3,\cdots$,

$$P\{X=m \mid Y=n\} = \frac{P\{X=m, Y=n\}}{P\{Y=n\}} = \frac{p^2(1-p)^{n-2}}{(n-1)p^2(1-p)^{n-2}} = \frac{1}{n-1} \quad (m=1,2,\cdots,n-1).$$

对于 $m=1,2,\cdots$,

$$P\{Y=n \mid X=m\} = (1-p)^{n-m-1}p \quad (n=m+1, m+2, \cdots).$$

3.3.2　连续型随机变量的条件密度函数

定义 2　设二维随机变量 (X,Y) 的概率密度函数为 $f(x,y)$. 若对于固定的 y, $f_Y(y)>0$, 则称 $f_{X|Y}(x|y) = \dfrac{f(x,y)}{f_Y(y)}$ 为 $Y=y$ 条件下 X 的**条件密度函数**.

类似地, 可定义 $f_{Y|X}(y|x) = \dfrac{f(x,y)}{f_X(x)}$.

注意: 条件密度函数是密度函数; 正态分布的条件分布是正态分布 (以二维标准正态分布为例推导, $(X,Y) \sim N(0,0,1,1,\rho)$).

【**例 3-8**】 设 G 是平面上的有界区域, 其面积为 A. 若二维随机变量 (X,Y) 具有概率密度

$$f(x,y) = \begin{cases} \dfrac{1}{A}, & (x,y) \in G \\ 0, & \text{其他} \end{cases}.$$

则称 (X,Y) 在 G 上服从均匀分布. 现设二维随机变量 (X,Y) 在圆域 $x^2+y^2 \leqslant 1$ 上服从均匀分布, 求条件概率密度 $f_{X|Y}(x|y)$.

解　假设随机变量 (X,Y) 具有概率密度

$$f(x,y) = \begin{cases} \dfrac{1}{\pi}, & x^2+y^2 \leqslant 1 \\ 0, & \text{其他} \end{cases},$$

且有边缘概率密度

$$f_Y(y) = \int_{-\infty}^{+\infty} f(x,y)\,\mathrm{d}x = \begin{cases} \dfrac{1}{\pi}\displaystyle\int_{-\sqrt{1-y^2}}^{\sqrt{1-y^2}} \mathrm{d}x = \dfrac{2}{\pi}\sqrt{1-y^2}, & -1 \leqslant y \leqslant 1 \\ 0, & \text{其他} \end{cases}$$

于是当 $-1 < y < 1$ 时有

$$f_{X|Y}(x|y) = \begin{cases} \dfrac{\frac{1}{\pi}}{\frac{2}{\pi}\sqrt{1-y^2}} = \dfrac{1}{2\sqrt{1-y^2}}, & -\sqrt{1-y^2} \leqslant x \leqslant \sqrt{1-y^2} \\ 0, & \text{其他} \end{cases}.$$

注意：若(X,Y)是连续型随机变量,则对任一集合L,$P\{X \in L \mid Y = y\} = \int_L f_{X|Y}(x \mid y)\mathrm{d}x$；$Y = y$下$X$的条件分布函数为

$$F_{X|Y}(x \mid y) = P\{X \leqslant x \mid Y = y\} = \int_{-\infty}^{x} f_{X|Y}(x \mid y)\mathrm{d}x = \int_{-\infty}^{x} \frac{f(x,y)}{f_Y(y)}\mathrm{d}x.$$

3.3.3 乘法公式与全概率公式的其他表现形式

离散形式：$P\{X = x_i, Y = y_j\} = P\{X = x_i\}P\{Y = y_j \mid X = x_i\}$,$f(x,y) = f_X(x)f_{Y|X}(y \mid x)$.

连续形式：$P\{Y = y_j\} = \sum\limits_{i=1}^{+\infty} P\{X = x_i\}P\{Y = y_j \mid X = x_i\}$,$f_Y(y) = \int_{-\infty}^{+\infty} f_X(x)f_{Y|X}(y \mid x)\mathrm{d}x$.

【例 3-9】 设某班车起点站上客人数X服从参数为$\lambda(\lambda > 0)$的泊松分布,每位乘客在中途下车的概率为$p(0 < p < 1)$,且中途下车与否相互独立,以Y表示中途下车的人数.求二维随机变量(X,Y)的概率分布.

解 已知$X = n$时Y的条件分布是参数为n,p的二项分布,所以

$$P\{Y = m \mid X = n\} = C_n^m p^m (1-p)^{n-m}, \quad 0 \leqslant m \leqslant n.$$

由$X \sim \pi(\lambda)$知,(X,Y)的分布律为

$$P\{X = n, Y = m\} = P\{X = n\}P\{Y = m \mid X = n\} = \frac{\lambda^n e^{-\lambda}}{n!},$$

$$C_n^m p^m (1-p)^{n-m}, \quad n = 0,1,2,\cdots; m = 0,1,\cdots,n.$$

【例 3-10】 设随机变量X在$(-1,1)$区间服从均匀分布,当观察到$X = x(-1 < x < 1)$时,随机变量Y在$(x^2,1)$上服从均匀分布,求Y的密度函数.

解 由题意$f_X(x) = \begin{cases} 1/2, & -1 < x < 1 \\ 0, & \text{其他} \end{cases}$,且当$-1 < x < 1$时,

$$f_{Y|X}(y|x) = \begin{cases} \dfrac{1}{1-x^2}, & x^2 < y < 1 \\ 0, & \text{其他} \end{cases}. \text{于是}$$

$$f(x,y) = f_X(x)f_{Y|X}(y|x) = \begin{cases} \dfrac{1}{2(1-x^2)}, & -1 < x < 1, x^2 < y < 1 \\ 0, & \text{其他} \end{cases}.$$

从而

$$f_Y(y) = \int_{-\infty}^{+\infty} f(x,y)\mathrm{d}x = \begin{cases} \int_{-\sqrt{y}}^{\sqrt{y}} \dfrac{1}{2(1-x^2)}\mathrm{d}x, & 0 < y < 1 \\ 0, & \text{其他} \end{cases} = \begin{cases} 2\ln\dfrac{1+\sqrt{y}}{1-\sqrt{y}}, & 0 < y < 1 \\ 0, & \text{其他} \end{cases}.$$

3.4　相互独立的随机变量

本节我们将利用两个事件相互独立的概念引出两个随机变量相互独立的概念,这是一个十分重要的概念.

定义　设 $F(x,y)$ 及 $F_X(x)$、$F_Y(y)$ 分别是二维随机变量 (X,Y) 的分布函数及边缘分布函数. 若对于所有 x,y 有

$$P\{X \leqslant x, Y \leqslant y\} = P\{X \leqslant x\}P\{Y \leqslant y\} \tag{3-8}$$

即

$$F(x,y) = F_X(x)F_Y(y) \tag{3-9}$$

则称随机变量 X 和 Y 是**相互独立的**.

设 (X,Y) 是连续型随机变量,$f(x,y)$ 和 $f_X(x)$、$f_Y(y)$ 分别为 (X,Y) 的概率密度和边缘概率密度,则 X 和 Y 相互独立的条件等价于

$$f(x,y) = f_X(x)f_Y(y) \tag{3-10}$$

在平面上几乎处处成立(此处"几乎处处成立"的含义是:在平面上除去"面积"为零的集合以外,处处成立).

当 (X,Y) 是离散型随机变量时,X 和 Y 相互独立的条件等价于:对于 (X,Y) 的所有可能取得的值 (x_i, y_j) 有

$$P\{X = x_i, Y = y_j\} = P\{X = x_i\}P\{Y = y_j\} \tag{3-11}$$

式(3-11)即 $P_{ij} = P_{i\cdot} \cdot P_{\cdot j}$,在实际中使用式(3-10)或式(3-11)要比使用式(3-9)方便.

例 3-3 中的随机变量 X 和 Y,由于

$$f_X(x) = \begin{cases} 2\mathrm{e}^{-2x}, & x > 0 \\ 0, & \text{其他} \end{cases}, \qquad f_Y(y) = \begin{cases} \mathrm{e}^{-y}, & y > 0 \\ 0, & \text{其他} \end{cases},$$

故有 $f(x,y) = f_X(x)f_Y(y)$,因而 X,Y 是互相独立的.

又如,若 X,Y 具有联合分布律

X＼Y	1	2	$P\{X=i\}$
0	1/6	1/6	1/3
1	2/6	2/6	2/3
$P\{Y=j\}$	1/2	1/2	1

则有

$$P\{X=0,Y=1\}=1/6=P\{X=0\}P\{Y=1\},$$
$$P\{X=0,Y=2\}=1/6=P\{X=0\}P\{Y=2\},$$
$$P\{X=1,Y=1\}=2/6=P\{X=1\}P\{Y=1\},$$
$$P\{X=1,Y=2\}=2/6=P\{X=1\}P\{Y=2\},$$

因而 X,Y 是互相独立的.

再如例 3-4 中的随机变量 F 和 D,由于 $P\{D=1,F=0\}=1/10\neq P\{D=1\}\times P\{F=0\}$,因而 F 和 D 不是相互独立的.

下面考察二维正态随机变量 (X,Y). 它的概率密度为

$$f(x,y)=\frac{1}{2\pi\sigma_1\sigma_2\sqrt{1-\rho^2}}\exp\left\{\frac{-1}{2(1-\rho^2)}\left[\frac{(x-\mu_1)^2}{\sigma_1^2}-2\rho\frac{(x-\mu_1)(y-\mu_2)}{\sigma_1\sigma_2}+\frac{(y-\mu_2)^2}{\sigma_2^2}\right]\right\}.$$

由例 3-6 知道,其边缘概率密度 $f_X(x)$、$f_Y(y)$ 的乘积为

$$f_X(x)f_Y(y)=\frac{1}{2\pi\sigma_1\sigma_2}\exp\left\{\frac{-1}{2}\left[\frac{(x-\mu_1)^2}{\sigma_1^2}+\frac{(y-\mu_2)^2}{\sigma_2^2}\right]\right\}$$

因此,如果 $\rho=0$,则对于所有 x,y 有 $f(x,y)=f_X(x)f_Y(y)$,即 X 和 Y 相互独立. 反之,如果 X 和 Y 相互独立,由于 $f(x,y),f_X(x),f_Y(y)$ 都是连续函数,故对于所有的 x,y 有 $f(x,y)=f_X(x)f_Y(y)$. 特别,令 $x=\mu_1,y=\mu_2$,则这一等式得到

$$\frac{1}{2\pi\sigma_1\sigma_2\sqrt{1-\rho^2}}=\frac{1}{2\pi\sigma_1\sigma_2},$$

从而 $\rho=0$,综上所述,得到以下结论:

对于二维正态随机变量 (X,Y),X 和 Y 相互独立的充要条件是参数 $\rho=0$.

【例 3-11】 一负责人到达办公室的时间均匀分布在 8~12 时,他的秘书到达办公室的时间均匀分布在 7~9 时,设他们两人到达的时间相互独立,求他们到达办公室的时间相差不超过 5 分钟(1/12 小时)的概率.

解 设 X 和 Y 分别是负责人和他的秘书到达办公室的时间,由假设 X 和 Y 的概率密度分别为

$$f_X(x)=\begin{cases}\dfrac{1}{4}, & 8<x<12 \\ 0, & \text{其他}\end{cases}, \quad f_Y(y)=\begin{cases}\dfrac{1}{2}, & 7<y<9 \\ 0, & \text{其他}\end{cases},$$

因为 X,Y 相互独立,故 (X,Y) 的概率密度为

$$f(x,y)=f_X(x)f_Y(y)=\begin{cases}\dfrac{1}{8}, & 8<x<12,7<y<9 \\ 0, & \text{其他}\end{cases},$$

按题意需求概率 $P\{|X-Y|\leq 1/12\}$. 画出区域: $|X-Y|\leq 1/12$,以及长方形 $(8<x<12;7<y<9)$,它们的公共部分是四边形 $BCC'B'$,记为 G(如图 3-6). 显然仅当 (X,Y) 取值于 G 内,他们两人到达的时间相差才不超过 1/12 小时,因此,所求的概率为

$$P\{|X-Y|\leqslant\frac{1}{12}\}=\iint\limits_{G}f(x,y)\mathrm{d}x\mathrm{d}y=\frac{1}{8}\times(S_G).$$

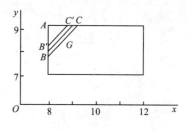

图 3-6　例 3-11

而

$$S_G=S_{\triangle ABC}-S_{\triangle AB'C'}=\frac{1}{2}\left(\frac{13}{12}\right)^2-\frac{1}{2}\left(\frac{11}{12}\right)^2=\frac{1}{6}.$$

于是

$$P\{|X-Y|\leqslant\frac{1}{12}\}=\frac{1}{48}$$

即负责人和他的秘书到达办公室的时间相差不超过 5 分钟的概率为 1/48.

以上所述关于二维随机变量的一些概念,容易推广到 n 维随机变量的情况.

上面说过, n 维随机变量 $(X_1,X_2,\cdots,X_n)$ 的分布函数定义为

$$F(x_1,x_2,\cdots,x_n)=P\{X_1\leqslant x_1,X_2\leqslant x_2,\cdots,X_n\leqslant x_n\}$$

其中 $x_1,x_2,\cdots,x_n$ 为任意实数.

若存在非负可积函数 $f(x_1,x_2,\cdots,x_n)$,使对于任意实数 $x_1,x_2,\cdots,x_n$ 有

$$F(x_1,x_2,\cdots,x_n)=\int_{-\infty}^{x_n}\int_{-\infty}^{x_{n-1}}\cdots\int_{-\infty}^{x_1}f(x_1,x_2,\cdots,x_n)\mathrm{d}x_1\mathrm{d}x_2\cdots\mathrm{d}x_n$$

则称 $f(x_1,x_2,\cdots,x_n)$ 为 $(X_1,X_2,\cdots,X_n)$ 的概率密度函数.

设 $(X_1,X_2,\cdots,X_n)$ 的分布函数 $F(x_1,x_2,\cdots,x_n)$ 为已知,则 $(X_1,X_2,\cdots,X_n)$ 的 $k(1\leqslant k<n)$ 维边缘分布函数就随之确定. 例如 $(X_1,X_2,\cdots,X_n)$ 关于 X_1、关于 (X_1,X_2) 的边缘分布函数分别为

$$F_{X_1}(x_1)=F(x_1,\infty,\infty,\cdots,\infty),$$

$$F_{X_1,X_2}(x_1,x_2)=F(x_1,x_2,\infty,\infty,\cdots,\infty).$$

又若 $f(x_1,x_2,\cdots,x_n)$ 是 $(X_1,X_2,\cdots,X_n)$ 的概率密度,则 $(X_1,X_2,\cdots,X_n)$ 关于 X_1、关于 (X_1,X_2) 的边缘概率密度分别为

$$f_{X_1}(x_1)=\int_{-\infty}^{\infty}\int_{-\infty}^{\infty}\cdots\int_{-\infty}^{\infty}f(x_1,x_2,\cdots,x_n)\mathrm{d}x_2\mathrm{d}x_3\cdots\mathrm{d}x_n,$$

$$f_{X_1,X_2}(x_1,x_2)=\int_{-\infty}^{\infty}\int_{-\infty}^{\infty}\cdots\int_{-\infty}^{\infty}f(x_1,x_2,\cdots,x_n)\mathrm{d}x_3\mathrm{d}x_4\cdots\mathrm{d}x_n.$$

若对于所有的 $x_1,x_2,\cdots,x_n$ 有 $F(x_1,x_2,\cdots,x_n)=F_{X_1}(x_1)F_{X_2}(x_2)\cdots F_{X_n}(x_n)$,则称 $X_1,X_2,\cdots,X_n$ 是相互独立的.

若对所有的 $x_1,x_2,\cdots,x_m;y_1,y_2,\cdots,y_n$ 有

$$F(x_1,x_2,\cdots,x_m,y_1,y_2,\cdots,y_n)=F_1(x_1,x_2,\cdots,x_m)F_2(y_1,y_2,\cdots,y_n),$$

其中 F_1、F_2、F 依次为随机变量 $(X_1,X_2,\cdots,X_m)$、$(Y_1,Y_2,\cdots,Y_n)$ 和 $(X_1,X_2,\cdots,X_m,Y_1,Y_2,\cdots,Y_n)$ 的分布函数,则称随机变量 $(X_1,X_2,\cdots,X_m)$ 和 $(Y_1,Y_2,\cdots,Y_n)$ 是相互独立的.

我们有以下的定理,它在数理统计中是很有用的.

定理 设 $(X_1, X_2, \cdots, X_m)$ 和 $(Y_1, Y_2, \cdots, Y_n)$ 相互独立,则 $X_i(i=1,2,\cdots,m)$ 和 $Y_j(j=1,2,\cdots,n)$ 相互独立. 又若 h、g 是连续函数,则 $h(X_1, X_2, \cdots, X_m)$ 和 $g(Y_1, Y_2, \cdots, Y_n)$ 相互独立.

(证明略)

课堂练习

1. 设二维随机变量 (X,Y) 的分布律为

X \ Y	0	1
1	a	$\frac{2}{6}$
2	$\frac{2}{6}$	$\frac{1}{6}$

(1)求常数 a;

(2)求边缘分布律,并判断 X 与 Y 是否相互独立.

2. 设二维随机变量 (X,Y) 的概率密度为 $f(x,y)=\begin{cases} e^{-(x+y)}, & x>0, y>0 \\ 0, & \text{其他} \end{cases}$

(1)分别求 (X,Y) 关于 X 和 Y 的边缘概率密度;

(2)问: X 与 Y 是否相互独立,为什么?

3. 设随机变量 X,Y 相互独立,其联合分布律为

X \ Y	1	2	3
1	1/6	1/9	1/18
2	1/3	a	b

则 $a=$ _____ , $b=$ _____ .

3.5 两个随机变量的函数的分布

第 2 章已经讨论过一个随机变量的函数的分布,本节讨论两个随机变量的函数的分布. 我们只就下面几个具体的函数来讨论.

3.5.1　离散型

设 (X,Y) 的联合分布律为 P_{ij}，$i=1\cdots m$，$j=1\cdots n$，$Z=g(X+Y)$，求 Z 的分布律.

Z	z_1	z_2	$\cdots$	z_k
P	p_1	p_2	$\cdots$	p_k

其中 $P'_k=\sum p_{ij}$，$g(x_i,y_j)=z_k$.

【例 3-12】　桌面上有一堆矩形卡片，其边长为 (X,Y). 联合分布律为

X \ Y	1	2	3
1	0.1	0.2	0.3
2	0.1	0.1	0.2

请写出矩形周长 L 及面积 S 的分布律.

解　矩形周长 $L=2(X+Y)$，则 L 的分布律为

L	4	6	8	10
P	0.1	0.3	0.4	0.2

面积 $S=XY$，则 S 的分布律为

S	1	2	3	4	6
P	0.1	0.3	0.3	0.1	0.2

3.5.2　连续型

设 (X,Y) 是二维连续型随机变量，它具有概率密度 $f(x,y)$. 则 $Z=X+Y$ 仍为连续型随机变量，其概率密度为

$$f_{X+Y}(z)=\int_{-\infty}^{+\infty}f(z-y,y)\mathrm{d}y, \tag{3-12}$$

或

$$f_{X+Y}(z)=\int_{-\infty}^{+\infty}f(x,z-x)\mathrm{d}x. \tag{3-13}$$

又若 X 和 Y 相互独立，设 (X,Y) 关于 X,Y 的边缘密度分布为 $f_X(x)$，$f_Y(y)$，则式 (3-12)、(3-13) 分别化为

$$f_{X+Y}(z)=\int_{-\infty}^{+\infty}f_X(z-y)f_Y(y)\mathrm{d}y \tag{3-14}$$

和

$$f_{X+Y}(z)=\int_{-\infty}^{+\infty}f_X(x)f_Y(z-x)\mathrm{d}x. \tag{3-15}$$

这两个公式称为 f_X 和 f_Y 的**卷积公式**，记为 f_X*f_Y，即

$$f_X*f_Y=\int_{-\infty}^{+\infty}f_X(z-y)f_Y(y)\mathrm{d}y=\int_{-\infty}^{+\infty}f_X(x)f_Y(z-x)\mathrm{d}x.$$

证明 先来求 $Z=X+Y$ 的分布函数 $F_Z(z)$,即有

$$F_Z(z) = P\{Z \leqslant z\} = \iint\limits_{x+y \leqslant z} f(x,y)\mathrm{d}x\mathrm{d}y,$$

这里积分区域 $G: x+y \leqslant z$ 是直线 $x+y=z$ 及其左下方的半平面(如图 3-7).将二重积分化为累次积分,得

$$F_Z(z) = \int_{-\infty}^{+\infty}\left[\int_{-\infty}^{z-y} f(x,y)\mathrm{d}x\right]\mathrm{d}y.$$

固定 z 和 y 对积分 $\int_{-\infty}^{z-y} f(x,y)\mathrm{d}x$ 做变量变换,令 $x=u-y$,
得

$$\int_{-\infty}^{z-y} f(x,y)\mathrm{d}x = \int_{-\infty}^{z} f(u-y,y)\mathrm{d}u.$$

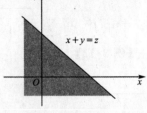

图 3-7 积分区域 G

于是

$$F_Z(z) = \int_{-\infty}^{+\infty}\left[\int_{-\infty}^{z} f(u-y,y)\mathrm{d}u\right]\mathrm{d}y$$

$$= \int_{-\infty}^{z}\left[\int_{-\infty}^{+\infty} f(u-y,y)\mathrm{d}y\right]\mathrm{d}u.$$

由概率密度的定义即得式(3-12).类似可证得式(3-13).

【例 3-13】 设 X 和 Y 是两个相互独立的随机变量,都服从 $N(0,1)$ 分布,其概率密度为

$$f_X(x) = \frac{1}{\sqrt{2\pi}}\mathrm{e}^{-x^2/2}, \quad -\infty < x < +\infty,$$

$$f_Y(y) = \frac{1}{\sqrt{2\pi}}\mathrm{e}^{-y^2/2}, \quad -\infty < y < +\infty.$$

求 $Z=X+Y$ 的概率密度.

解 由式(3-15)

$$f_Z(z) = \int_{-\infty}^{+\infty} f_X(x)f_Y(z-x)\mathrm{d}x.$$

$$= \frac{1}{2\pi}\int_{-\infty}^{+\infty}\mathrm{e}^{-\frac{x^2}{2}}\cdot\mathrm{e}^{-\frac{(z-x)^2}{2}}\mathrm{d}x$$

$$= \frac{1}{2\pi}\mathrm{e}^{-\frac{z^2}{4}}\int_{-\infty}^{+\infty}\mathrm{e}^{-\left(x-\frac{z}{2}\right)^2}\mathrm{d}x,$$

令 $t=x-\dfrac{z}{2}$,得

$$f_Z(z) = \frac{1}{2\pi}\mathrm{e}^{-\frac{z^2}{4}}\int_{-\infty}^{+\infty}\mathrm{e}^{-t^2}\mathrm{d}t = \frac{1}{2\pi}\mathrm{e}^{-\frac{z^2}{4}}\sqrt{\pi} = \frac{1}{2\sqrt{\pi}}\mathrm{e}^{-\frac{z^2}{4}}.$$

即 Z 服从 $N(0,2)$ 分布.

一般地,设 X,Y 互相独立且 $X \sim N(\mu_1,\sigma_1^2)$,$Y \sim N(\mu_2,\sigma_2^2)$.由式(3-15)经过计算知 $Z=X+Y$ 仍然服从正态分布,且有 $Z \sim N(\mu_1+\mu_2,\sigma_1^2+\sigma_2^2)$.这个结论还能推广到 n 个独立

正态随机变量之和的情况. 即若 $X_i \sim N(\mu_i, \sigma_i^2)(i=1,2,\cdots,n)$, 且它们相互独立, 则它们的和 $Z = X_1 + X_2 + \cdots + X_n$ 仍然服从正态分布, 且有 $Z \sim N(\mu_1 + \mu_2 + \cdots + \mu_n, \sigma_1^2 + \sigma_2^2 + \cdots + \sigma_n^2)$.

另外, 可以证明有限个相互独立的正态随机变量的线性组合仍然服从正态分布.

【例 3-14】 在一简单电路中, 两电阻 R_1 和 R_2 串联, 设 R_1, R_2 相互独立, 它们的概率密度均为

$$f(x) = \begin{cases} \dfrac{10-x}{50}, & 0 \leqslant x \leqslant 10 \\ 0, & \text{其他} \end{cases}.$$

求总电阻 $R = R_1 + R_2$ 的概率密度.

解 由式 (3-15), R 的概率密度为

$$f_R(z) = \int_{-\infty}^{\infty} f(x) f(z-x) \mathrm{d}x.$$

易知仅当

$$\begin{cases} 0 < x < 10 \\ 0 < z - x < 10 \end{cases}$$

即

$$\begin{cases} 0 < x < 10 \\ z - 10 < x < z \end{cases}$$

时上述积分的被积函数不等于 0. 参考图 3-8, 即得

$$f_R(z) = \begin{cases} \displaystyle\int_0^z f(x) f(z-x) \mathrm{d}x, & 0 \leqslant z < 10 \\ \displaystyle\int_{z-10}^{10} f(x) f(z-x) \mathrm{d}x, & 10 \leqslant z \leqslant 20 \\ 0, & \text{其他} \end{cases}.$$

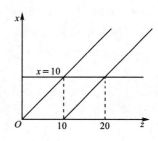

图 3-8 例 3-14

将 $f(x)$ 的表达式代入上式得

$$f_R(z) = \begin{cases} \dfrac{1}{15\,000}(600z - 60z^2 + z^3), & 0 \leqslant z < 10 \\ \dfrac{1}{15\,000}(20-z)^3, & 10 \leqslant z < 20 \\ 0, & \text{其他} \end{cases}.$$

3.5.3 $M = \max\{X, Y\}$ 及 $N = \min\{X, Y\}$ 的分布

设 X, Y 是两个相互独立的随机变量, 它们的分布函数分别为 $F_X(x)$ 和 $F_Y(y)$. 现在来求 $M = \max\{X, Y\}$ 及 $N = \min\{X, Y\}$ 的分布函数.

由于 $M = \max\{X, Y\}$ 不大于 z 等价于 X 和 Y 都不大于 z, 故有

$$P\{M \leqslant z\} = P\{X \leqslant z, Y \leqslant z\}.$$

又由于 X 和 Y 相互独立,得到 $M=\max\{X,Y\}$ 的分布函数为

$$F_{\max}(z)=P\{M\leqslant z\}=P\{X\leqslant z,Y\leqslant z\}=P\{X\leqslant z\}P\{Y\leqslant z\}.$$

即有

$$F_{\max}(z)=F_X(z)F_Y(z) \tag{3-16}$$

类似地,可得 $N=\min\{X,Y\}$ 的分布函数为

$$F_{\min}(z)=P\{N\leqslant z\}=1-P\{N>z\}=1-P\{X>z,Y>z\}$$
$$=1-P\{X>z\}\cdot P\{Y>z\}.$$

即

$$F_{\min}(z)=1-[1-F_X(z)][1-F_Y(z)] \tag{3-17}$$

以上结果容易推广到 n 个相互独立的随机变量的情况. 设 $X_1,X_2,\cdots,X_n$ 是 n 个相互独立的随机变量. 它们的分布函数分别为 $F_{X_i}(x_i)(i=1,2,\cdots,n)$,则 $M=\max\{X_1,X_2,\cdots,X_n\}$ 及 $N=\min\{X_1,X_2,\cdots,X_n\}$ 的分布函数分别为

$$F_{\max}(z)=F_{X_1}(z)F_{X_2}(z)\cdots F_{X_n}(z) \tag{3-18}$$

$$F_{\min}(z)=1-[1-F_{X_1}(z)][1-F_{X_2}(z)]\cdots[1-F_{X_n}(z)] \tag{3-19}$$

特别地,当 $X_1,X_2,\cdots,X_n$ 相互独立且具有相同的分布函数 $F(x)$ 时有

$$F_{\max}(z)=[F(z)]^n \tag{3-20}$$

$$F_{\min}(z)=1-[1-F(z)]^n \tag{3-21}$$

【例 3-15】 设系统 L 由两个相互独立的子系统 L_1、L_2 连接而成,连接的方式分别为(Ⅰ)串联、(Ⅱ)并联、(Ⅲ)备用(当系统 L_1 损坏时,系统 L_2 开始工作),如图 3-9 所示. 设 L_1、L_2 的寿命分别为 X、Y,已知它们的概率密度分别为

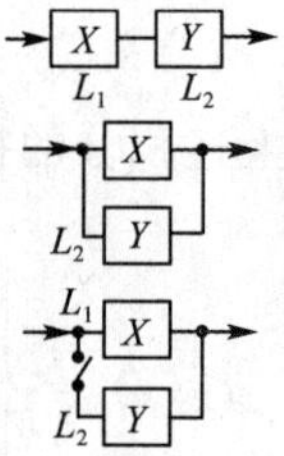

图 3-9 例 3-15

$$f_X(x)=\begin{cases}\alpha e^{-\alpha x}, & x>0 \\ 0, & x\leqslant 0\end{cases}$$

$$f_Y(y)=\begin{cases}\beta e^{-\beta y}, & y>0 \\ 0, & y\leqslant 0\end{cases}$$

其中 $\alpha>0,\beta>0$ 且 $\alpha\neq\beta$. 试分别就以上三种连接方式写出 L 的寿命 Z 的概率密度.

解 (Ⅰ)串联的情况.

由于当 L_1、L_2 中有一个损坏时,系统 L 就停止工作,所以这时 L 的寿命为

$$Z=\min\{X,Y\}.$$

由已知概率密度,X、Y 的分布函数分别为

$$F_X(x)=\begin{cases}1-e^{-\alpha x}, & x>0 \\ 0, & x\leqslant 0\end{cases}, \quad F_Y(y)=\begin{cases}1-e^{-\beta y}, & y>0 \\ 0, & y\leqslant 0\end{cases},$$

由式(3-17)得 $Z=\min\{X,Y\}$ 的分布函数为

$$F_{\min}(z)=\begin{cases}1-e^{-(\alpha+\beta)z}, & z>0 \\ 0, & z\leqslant 0\end{cases}.$$

于是 $Z=\min\{X,Y\}$ 的概率密度为

$$f_{\min}(z)=\begin{cases} (\alpha+\beta)\mathrm{e}^{-(\alpha+\beta)z}, & z>0 \\ 0, & z\leqslant0 \end{cases}.$$

（Ⅱ）并联的情况.

由于当且仅当 L_1、L_2 都损坏时，系统 L 才停止工作，所以这时 L 的寿命 Z 为

$$Z=\max\{X,Y\}.$$

按式(3-16)得 $Z=\max\{X,Y\}$ 的分布函数为

$$F_{\max}(z)=F_X(z)F_Y(z)=\begin{cases} (1-\mathrm{e}^{-\alpha z})(1-\mathrm{e}^{-\beta z}), & z>0 \\ 0, & z\leqslant0 \end{cases}.$$

于是 $Z=\max\{X,Y\}$ 的概率密度为

$$f_{\max}(z)=\begin{cases} \alpha\mathrm{e}^{-\alpha z}+\beta\mathrm{e}^{-\beta z}-(\alpha+\beta)\mathrm{e}^{-(\alpha+\beta)z}, & z>0 \\ 0, & z\leqslant0 \end{cases}.$$

（Ⅲ）备用的情况.

当系统 L_1 损坏时系统 L_2 才开始工作，因此整个系统 L 的寿命 Z 是 L_1、L_2 两者寿命之和，即 $Z=X+Y$.

按式(3-14)，当 $z>0$ 时 $Z=X+Y$ 的概率密度为

$$f(z)=\int_{-\infty}^{\infty}f_X(z-y)f_Y(y)\mathrm{d}y=\int_0^z\alpha\mathrm{e}^{-\alpha(z-y)}\beta\mathrm{e}^{-\beta y}\mathrm{d}y$$

$$=\alpha\beta\mathrm{e}^{-\alpha y}\int_0^z\mathrm{e}^{-(\beta-\alpha)y}\mathrm{d}y=\frac{\alpha\beta}{\beta-\alpha}(\mathrm{e}^{-\alpha y}-\mathrm{e}^{-\beta y}).$$

当 $z\leqslant0$ 时，$f(z)=0$，于是 $Z=X+Y$ 的概率密度为

$$f(z)=\begin{cases} \dfrac{\alpha\beta}{\beta-\alpha}(\mathrm{e}^{-\alpha y}-\mathrm{e}^{-\beta y}), & z>0 \\ 0, & z\leqslant0 \end{cases}.$$

课堂练习

1. 设二维随机变量 (X,Y) 的概率密度为 $f(x,y)=\begin{cases} \dfrac{1}{2}, & 0<x<2,0<y<1 \\ 0, & 其他 \end{cases}$，则

$P\{X+Y\leqslant1\}=$ _____.

2. 设二维随机变量 (X,Y) 的分布律为

X \ Y	0	1
1	$\frac{1}{6}$	$\frac{2}{6}$
2	$\frac{2}{6}$	$\frac{1}{6}$

分别求 $Z_1 = X + Y$、$Z_2 = \max(X, Y)$、$Z_3 = \min(X, Y)$ 的分布律.

3. 设 X 和 Y 是两个相互独立的随机变量,其概率密度分别为

$$f_X(x) = \begin{cases} 1, & 0 \leqslant x \leqslant 1 \\ 0, & \text{其他} \end{cases} \qquad f_Y(y) = \begin{cases} e^{-y}, & y > 0 \\ 0, & \text{其他} \end{cases}.$$

分别求 $Z_1 = X + Y$、$Z_2 = \max(X, Y)$、$Z_3 = \min(X, Y)$ 的概率密度.

4. 设随机变量 X 与 Y 相互独立,且 X、Y 的分布律分别为

X	0	1
P	$\frac{1}{4}$	$\frac{3}{4}$

Y	1	2
P	$\frac{2}{5}$	$\frac{3}{5}$

试求:(1)二维随机变量 (X, Y) 的分布律;(2)随机变量 $Z = XY$ 的分布律.

习题三

A 组

一、选择题

1. 设二维随机变量 (X, Y) 的分布律为

X \ Y	-1	0	1
0	0.1	0.3	0.2
1	0.2	0.1	0.1

则 $P\{x + y = 0\} = ($ $)$.

  A. 0.2   B. 0.3   C. 0.5   D. 0.7

2. 设二维随机变量 (X, Y) 的联合分布律为

X \ Y	0	1	2
0	0.1	0.2	0
1	0.3	0.1	0.1
2	0.1	0	0.1

则 $P\{X = Y\} = ($ $)$.

  A. 0.3   B. 0.5   C. 0.7   D. 0.8

3. 设二维随机变量 (x, y) 的概率密度为 $f(x, y) = \begin{cases} c, & -1 < x < 1, -1 < y < 1 \\ 0, & \text{其他} \end{cases}$,则常

数 $c = ($ $)$.

  A. 1/4   B. 1/2   C. 2   D. 4

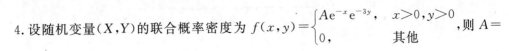

4.设随机变量(X,Y)的联合概率密度为 $f(x,y)=\begin{cases} Ae^{-x}e^{-3y}, & x>0,y>0 \\ 0, & 其他 \end{cases}$，则 $A=$

（　　）.

    A. $\dfrac{1}{2}$ B. 1   C. $\dfrac{3}{2}$ D. 2

5.设二维随机变量$(X、Y)$的联合分布律为

X＼Y	0	5
0	$\dfrac{1}{4}$	$\dfrac{1}{6}$
2	$\dfrac{1}{3}$	$\dfrac{1}{4}$

则 $P\{XY=0\}=$（　　）.

    A. $\dfrac{1}{4}$ B. $\dfrac{5}{12}$ C. $\dfrac{3}{4}$ D. 1

二、填空题

1.设(X,Y)的联合分布律为：

X＼Y	-1	1	2
0	$\dfrac{1}{15}$	α	$\dfrac{1}{15}$
1	$\dfrac{1}{15}$	$\dfrac{1}{5}$	$\dfrac{4}{15}$

则 $\alpha=$ _____.

2.设 $X\sim N(-1,4),Y\sim N(1,9)$，且 X 与 Y 相互独立，则 $X+Y\sim$ _____.

3.设二维随机变量(X,Y)的概率密度为 $f(x,y)=\begin{cases} \dfrac{1}{3}(x+y), & 0\leqslant x\leqslant 2,0\leqslant y\leqslant 1 \\ 0, & 其他 \end{cases}$，

则 $f_x(x)=$ _____.

4.设二维随机变量(x,y)的概率密度为 $f(x,y)=\begin{cases} 1, & 0\leqslant x\leqslant 1,0\leqslant y\leqslant 1 \\ 0, & 其他 \end{cases}$，则

$P\{X\leqslant\dfrac{1}{2}\}=$ _____.

5.设二维随机变量(x,y)的概率密度为 $f(x,y)=\begin{cases} e^{-(x+y)}, & x>0,y>0 \\ 0, & 其他 \end{cases}$，则当 $y>0$

时，(X,Y)关于 Y 的边缘概率密度 $f_Y(y)=$ _____.

三、解答题

1.设二维随机变量(X,Y)的联合分布律为

Y X	1	2
1	$\frac{1}{9}$	$\frac{2}{9}$
2	$\frac{2}{9}$	$\frac{4}{9}$

试问:X 与 Y 是否相互独立? 为什么?

2.设二维随机变量 (X,Y) 的联合分布律为

Y X	1	2
0	0.1	a
1	0.2	0.1
2	0.1	0.2

试求:(1)a 的值;(2)(X,Y) 分别关于 X 和 Y 的边缘分布律;(3)X 与 Y 是否独立?为什么?(4)$X+Y$ 的分布律.

3.已知二维随机变量 (X,Y) 的联合密度函数为

$$f(x,y)=\begin{cases} k(1-x)y, & 0<x<1,0<y<x \\ 0, & 其他 \end{cases}$$

(1)求常数 k;(2)分别求关于 X 及关于 Y 的边缘密度函数;(3)X 与 Y 是否独立?

B 组

1.将一枚硬币掷 3 次,以 X 表示前 2 次中出现 H 的次数,以 Y 表示 3 次中出现 H 的次数.求 X,Y 的联合分布律以及 (X,Y) 的边缘分布律并判断 X 与 Y 是否相互独立,为什么?

2.设随机变量 X 与 Y 相互独立,且 X,Y 的分布律分别为

X	0	1
P	$\frac{1}{4}$	$\frac{3}{4}$

Y	1	2
P	$\frac{2}{5}$	$\frac{3}{5}$

试求:(1)二维随机变量 (X,Y) 的分布律;(2)随机变量 $Z=XY$ 的分布律.

3.一个箱子中装有 100 件产品,其中一、二、三等品分别为 80 件、10 件、10 件.现从中随机抽取一件,记

$$X_1=\begin{cases} 1, & 抽到一等品 \\ 0, & 其他 \end{cases} ; \quad X_2=\begin{cases} 1, & 抽到二等品 \\ 0, & 其他 \end{cases} .$$

试求随机变量 (X_1,X_2) 的联合分布律及边缘分布律,并判断 X_1,X_2 是否相互独立,为什么?

4.设随机变量 (X,Y) 的概率密度为

$$f(x,y)=\begin{cases} k(6-x-y), & 0<x<2,2<y<4 \\ 0, & 其他 \end{cases}$$

(1)确定常数 k;(2)求 $P\{X<1,Y<3\}$;(3)求 $P\{X<1.5\}$;(4)求 $P\{X+Y\leqslant4\}$.

5.设二维随机变量 (X,Y) 的概率密度为

$$f(x,y)=\begin{cases}4xy, & 0\leqslant x\leqslant1,0\leqslant y\leqslant1\\0, & 其他\end{cases}.$$

分别求 (X,Y) 关于 X 和 Y 的边缘概率密度.

6.设二维随机变量 (X,Y) 的联合概率密度为

$$f(x,y)=\begin{cases}cxy^2, & 0<x,y<1\\0, & 其他\end{cases},c\ 为常数.$$

求:(1)常数 c;(2)证明 X 与 Y 相互独立.

7.设二维随机变量 (X,Y) 的概率密度为

$$f(x,y)=\begin{cases}cx^2y, & x^2\leqslant y\leqslant1\\0, & 其他\end{cases}.$$

(1)求常数 c;(2)求边缘密度函数,并判断 X,Y 是否相互独立,为什么?

8.设二维随机变量 (X,Y) 在区域 $G=\{(x,y)\mid0\leqslant x\leqslant1,x^2\leqslant y\leqslant x\}$ 上服从均匀分布,求边缘分布 $f_X(x),f_Y(y)$,并判断 X,Y 是否相互独立,为什么?

9.已知二维随机变量 (X,Y) 的联合概率密度函数

$$f(x,y)=\begin{cases}ke^{-(3x+4y)}, & 0<x<+\infty,0<y<+\infty\\0, & 其他\end{cases},$$

求:

(1)系数 k;

(2)关于 X 及关于 Y 的边缘密度函数;

(3)$P\{0\leqslant X\leqslant1,0\leqslant Y\leqslant2\}$;

(4)X 与 Y 是否独立,为什么?

第 4 章 随机变量的数字特征

前两章我们讨论过随机变量的分布函数,了解到分布函数可以完整地描述随机变量的统计特性.但是在一些实际问题中,分布函数并不易求得.所幸的是,人们发现相当一部分问题的解决其实并不需要知道随机变量完整的变化情况,而仅需要知道随机变量的某些特征数据即可.例如随机变量所取数值的平均水平,或是这些数值的分布情况——与平均水平的偏离程度如何,是较为分散还是较为集中? 这类与随机变量相关的数值,尽管无法完整描述随机变量,却能够较好地反映随机变量在某些方面的重要特征,我们把这些数值称为随机变量的数字特征.这些数字特征无论是在理论中还是在实践中都具有重要的意义.本章即将介绍的就是这类数字特征中较为常用的几种:数学期望、方差、协方差和相关系数.

4.1 数学期望

4.1.1 数学期望的定义

我们首先来看一个例子.甲和乙两名同学,在同一时期连续参加了四次数学测验,甲同学四次测验的成绩分别为 $70,70,90,80$;而乙同学的成绩依次为 $70,80,90,90$,我们如何比较这两名同学在这一段时期数学学习成绩的状况? 比较常用的办法是分别算出这两名同学四次测验的算术平均值,然后进行比较,即

$$甲同学的平均成绩为:\frac{70+70+90+80}{4}=70\times\frac{2}{4}+80\times\frac{1}{4}+90\times\frac{1}{4}=77.5,$$

$$乙同学的平均成绩为:\frac{70+80+90+90}{4}=70\times\frac{1}{4}+80\times\frac{1}{4}+90\times\frac{2}{4}=82.5,$$

从平均成绩上看,乙同学的成绩要略优于甲同学.

例子中,平均成绩的计算公式我们也可以换一个角度来看.以甲同学的成绩为例,将

其成绩看作随机变量 X,其分布律为 $P\{X=x_k\}=p_k,k=1,2,3$,这里 x_1,x_2,x_3 依次为 70,80,90,而在实际观察中我们知道 X 取这三个成绩的频率 μ_1,μ_2,μ_3 依次为 2/4,1/4 和 1/4,即甲的平均成绩可表示为

$$x_1\mu_1+x_2\mu_2+x_3\mu_3=\sum_{k=1}^{3}x_k\mu_k.$$

当试验的次数很多的时候,算术平均值 $\sum_{k=1}^{3}x_k\mu_k$ 在一定意义上接近于 $\sum_{k=1}^{3}x_kp_k$,而表达式 $\sum_{k=1}^{3}x_kp_k$ 称为随机变量 X 的数学期望或均值.

定义　设离散型随机变量 X 的分布律为

$$P\{X=x_k\}=p_k,\quad k=1,2,\cdots,$$

若级数 $\sum_{k=1}^{+\infty}\mid x_k\mid p_k$ 收敛,则称级数 $\sum_{k=1}^{+\infty}x_kp_k$ 的和为随机变量 X 的**数学期望**,记为

$$E(X)=\sum_{k=1}^{+\infty}x_kp_k \tag{4-1}$$

设连续型随机变量 X 的概率密度为 $f(x)$,若积分 $\int_{-\infty}^{+\infty}\mid x\mid f(x)\mathrm{d}x$ 收敛,则称积分 $\int_{-\infty}^{+\infty}xf(x)\mathrm{d}x$ 的值为随机变量 X 的**数学期望**,记为

$$E(X)=\int_{-\infty}^{+\infty}xf(x)\mathrm{d}x. \tag{4-2}$$

数学期望 $E(X)$ 简称 X 的期望,又称为 X 的均值,它完全由随机变量 X 的概率分布所确定,若 X 服从某一分布,则我们也称 $E(X)$ 是这一分布的数学期望.

【例 4-1】　设随机变量 X 服从 0-1 分布,求 $E(X)$.

X	0	1
P	$1-p$	p

解　$E(X)=0\times(1-p)+1\times p=p.$

【例 4-2】　设随机变量 X 服从参数为 λ 的泊松分布($\lambda>0$),求 $E(X)$.

解　X 的分布律为

$$P\{X=k\}=\frac{\lambda^k}{k!}\mathrm{e}^{-\lambda},\quad k=0,1,\cdots,$$

则

$$E(X)=\sum_{k=0}^{+\infty}k\cdot\frac{\lambda^k\mathrm{e}^{-\lambda}}{k!}=\lambda\mathrm{e}^{-\lambda}\sum_{k=1}^{+\infty}\frac{\lambda^{k-1}}{(k-1)!}=\lambda\mathrm{e}^{-\lambda}\cdot\mathrm{e}^{\lambda}=\lambda.$$

【例 4-3】　设某批灯泡寿命为 X(单位:小时),X 服从指数分布,其概率密度为

$$f(x)=\begin{cases}\lambda\mathrm{e}^{-\lambda x},&x>0\\0,&x\leqslant0\end{cases},$$

求这批灯泡寿命的均值.

解 $E(X) = \int_{-\infty}^{+\infty} x \cdot f(x)\mathrm{d}x = \int_{0}^{+\infty} x \cdot \lambda \mathrm{e}^{-\lambda x}\mathrm{d}x = -x\mathrm{e}^{-x}\Big|_{0}^{+\infty} + \int_{0}^{+\infty} \mathrm{e}^{-\lambda x}\mathrm{d}x = \dfrac{1}{\lambda}.$

在一些实际问题中,我们有时需要的并不是随机变量本身的数学期望,而是这些随机变量的某个函数的数学期望,例如匀速运动的物体,速度 $v > 0$ 为常数,时间 T 为随机变量,我们想知道在 T 时间段中该物体运动的位移 $S = vT$ 的期望,这时候就可以通过下面的定理来求 $E(S)$.

定理 设 $Y = g(X)$ 是随机变量 X 的连续函数.

(1)若 X 是离散型随机变量,其分布律为 $P\{X = x_k\} = p_k, k = 1, 2, \cdots$,则当 $\sum\limits_{k=1}^{+\infty} |g(x_k)| p_k$ 收敛时,有

$$E(Y) = E[g(X)] = \sum_{k=1}^{+\infty} g(x_k) p_k \tag{4-3}$$

(2)若 X 是连续型随机变量,其概率密度为 $f(x)$,则当 $\int_{-\infty}^{+\infty} |g(x)| f(x)\mathrm{d}x$ 收敛时,有

$$E(Y) = E[g(X)] = \int_{-\infty}^{+\infty} g(x) f(x)\mathrm{d}x \tag{4-4}$$

该定理的意义在于:当我们要求 $E(Y)$ 时,不需要算出 Y 的分布律或密度函数,只需利用其自变量 X 的分布律或是密度函数即可求得.定理的证明超出本书范围,这里我们只就以下特殊情况加以证明.

证明 设 X 是连续型随机变量,函数 $y = g(x)$ 处处可导且恒有 $g'(x) > 0$(或恒有 $g'(x) < 0$),$x = h(y)$ 为 $y = g(x)$ 的反函数,则随机变量 $Y = g(X)$ 的密度函数为

$$f_Y(y) = \begin{cases} f[h(y)] \, |h'(y)|, & \alpha < y < \beta \\ 0, & \text{其他} \end{cases},$$

于是

$$E(Y) = \int_{-\infty}^{+\infty} y f_Y(y)\mathrm{d}y = \int_{\alpha}^{\beta} y f[h(y)] \, |h'(y)| \, \mathrm{d}y,$$

当恒有 $h'(y) > 0$ 时,

$$E(Y) = \int_{\alpha}^{\beta} y f[h(y)] h'(y)\mathrm{d}y = \int_{\alpha}^{\beta} y f[h(y)]\mathrm{d}h(y) = \int_{-\infty}^{+\infty} g(x) f(x)\mathrm{d}x,$$

当恒有 $h'(y) < 0$ 时,

$$E(Y) = -\int_{\alpha}^{\beta} y f[h(y)] h'(y)\mathrm{d}y = -\int_{\alpha}^{\beta} y f[h(y)]\mathrm{d}h(y) = -\int_{+\infty}^{-\infty} g(x) f(x)\mathrm{d}x$$

$$= \int_{-\infty}^{+\infty} g(x) f(x)\mathrm{d}x,$$

综上可知式(4-4)得证.

上述定理还可以推广到两个或两个以上随机变量的函数的情况.例如,设 Z 是随机变

量 X、Y 的函数 $Z = g(X,Y)$(g 为连续函数),于是 Z 也是一个一维随机变量,若二维随机变量 (X,Y) 的概率密度为 $f(x,y)$,且 $\int_{-\infty}^{+\infty}\int_{-\infty}^{+\infty} | g(x,y) | f(x,y)\mathrm{d}x\mathrm{d}y$ 收敛,则

$$E(Z) = E[g(X,Y)] = \int_{-\infty}^{+\infty}\int_{-\infty}^{+\infty} g(x,y)f(x,y)\mathrm{d}x\mathrm{d}y \qquad (4\text{-}5)$$

若 (X,Y) 为离散型随机变量,其分布律为 $P\{X = x_i, Y = y_i\} = p_{ij}(i,j = 1,2,\cdots)$,且 $\sum_{j=1}^{+\infty}\sum_{i=1}^{+\infty} | g(x_i,y_j) | p_{ij}$ 收敛,则

$$E(Z) = E[g(X,Y)] = \sum_{j=1}^{+\infty}\sum_{i=1}^{+\infty} g(x_i,y_j)p_{ij} \qquad (4\text{-}6)$$

【例 4-4】 设 $X \sim U(a,b)$,求 $E(X)$ 和 $E(X^2)$.

解 X 的概率密度为

$$f(x) = \begin{cases} \dfrac{1}{b-a}, & a < x < b, \\ 0, & \text{其他} \end{cases}$$

则

$$E(X) = \int_{-\infty}^{+\infty} xf(x)\mathrm{d}x = \int_a^b \frac{x}{b-a}\mathrm{d}x = \frac{b+a}{2},$$

$$E(X^2) = \int_{-\infty}^{+\infty} x^2 f(x)\mathrm{d}x = \int_a^b \frac{x^2}{b-a}\mathrm{d}x = \frac{a^2 + ab + b^2}{3}.$$

【例 4-5】 设二维随机变量 (X,Y) 服从 A 的均匀分布,其中 A 为由 x 轴、y 轴及直线 $x + \dfrac{y}{2} = 1$ 围成的平面三角形区域,求 $E(XY)$.

解 三角形区域 A 如图 4-1 所示,其面积为 $S_A = 1$,则 (X,Y) 的联合密度函数为

$$f(x,y) = \begin{cases} 1, & (x,y) \in A \\ 0, & (x,y) \notin A \end{cases},$$

故由式(4-5)可以得到

$$E(XY) = \int_{-\infty}^{+\infty}\int_{-\infty}^{+\infty} xyf(x,y)\mathrm{d}x\mathrm{d}y$$

$$= \iint_A xy\mathrm{d}x\mathrm{d}y = \int_0^1 \mathrm{d}x \int_0^{2(1-x)} xy\mathrm{d}y$$

$$= 2\int_0^1 x(1-x)^2\mathrm{d}x = \frac{1}{6}.$$

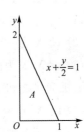

图 4-1 三角形区域 A

【例 4-6】 某公司生产的机器无故障工作时间 X(单位:万小时)有密度函数

$$f(x) = \begin{cases} \dfrac{1}{x^2}, & x \geqslant 1 \\ 0, & x < 1 \end{cases}$$

公司每出售一台机器可以获利 1 600 元.若机器售出后使用 1.2 万小时以内出现故障,则应予以更换,这时每台机器亏损 1 200 元;若机器在使用 1.2 万到 2 万小时之间出现故障,则予以维修,由公司负担维修,费用 400 元;若机器在使用 2 万小时后才出现故障,则由客户自行负责.求该公司售出每台机器的平均获利情况.

解 设公司每出售一台机器获利 Y(元),则 Y 关于机器工作时间 X 的函数关系式为

$$Y = g(X) = \begin{cases} -1\ 200, & 0 \leqslant X < 1.2 \\ 1\ 600 - 400, & 1.2 \leqslant X \leqslant 2, \\ 1\ 600, & X > 2 \end{cases}$$

于是每台机器的平均获利为 $E(Y)$,即

$$E(Y) = E[g(X)] = -1\ 200 P\{0 \leqslant X < 1.2)\} + 1\ 200 P\{1.2 \leqslant X \leqslant 2\} + 1\ 600 P\{X > 2\}$$

$$= -1\ 200 \int_1^{1.2} \frac{1}{x^2} dx + 1\ 200 \int_{1.2}^2 \frac{1}{x^2} dx + 1\ 600 \int_2^{+\infty} \frac{1}{x^2} dx = 1\ 000.$$

该公司出售每台机器的平均获利为 1 000 元.

4.1.2 数学期望的性质

对于某一随机变量的数学期望可以通过式(4-1)或式(4-2)求得.当涉及两个或是更多随机变量的时候,例如,$X - 3Y$、$X + Y + Z$ 或是 $2XY$,诸如此类由多个随机变量的函数得到的新的随机变量,其数学期望通过式(4-5)、式(4-6)或是其推广的公式也可以算出,但往往计算量较为烦琐.而掌握数学期望的一些重要性质,可以让我们在一定条件下规避某些复杂计算,从而较为快捷地得到结果.

以下假设所有随机变量的数学期望均存在:

(1) 设 C 为常数,则 $E(C) = C$.

(2) 设 X 为一随机变量,C 为常数,则 $E(CX) = CE(X)$.

(3) 设 X、Y 为两随机变量,则 $E(X + Y) = E(X) + E(Y)$,该性质可以推广到任意有限个随机变量之和的情况.

(4) 设 X、Y 为两相互独立的随机变量,则 $E(XY) = E(X)E(Y)$,该性质可以推广到任意有限个相互独立的随机变量之积的情况.

证明 性质(1)、(2)读者可以自行证明,下面我们来证明性质(3)和(4).

设二维连续型随机变量 (X, Y) 的概率密度为 $f(x, y)$,其边缘概率密度为 $f_X(x)$ 和 $f_Y(y)$,由式(4-5)可知

$$E(X + Y) = \int_{-\infty}^{+\infty} \int_{-\infty}^{+\infty} (x + y) f(x, y) dx dy$$

$$= \int_{-\infty}^{+\infty} \int_{-\infty}^{+\infty} x f(x, y) dx dy + \int_{-\infty}^{+\infty} \int_{-\infty}^{+\infty} y f(x, y) dx dy$$

$$= E(X) + E(Y)$$

性质(3)得证.

现设 X 和 Y 相互独立,则

$$E(XY) = \int_{-\infty}^{+\infty}\int_{-\infty}^{+\infty} xyf(x,y)\mathrm{d}x\mathrm{d}y = \int_{-\infty}^{+\infty}\int_{-\infty}^{+\infty} xyf_X(x)f_Y(y)\mathrm{d}x\mathrm{d}y$$

$$= \left[\int_{-\infty}^{+\infty} xf_X(x)\mathrm{d}x\right]\left[\int_{-\infty}^{+\infty} yf_Y(y)\mathrm{d}y\right] = E(X)E(Y)$$

性质(4)得证.

【例 4-7】 将 n 个球随机放进 M 个盒子中,设每个球放进任意一个盒子中是等可能的,求所有盒子中有球的盒子个数 X 的数学期望.

解 设 $X_i = \begin{cases} 1, & \text{第 } i \text{ 个盒子中有球} \\ 0, & \text{第 } i \text{ 个盒子中无球} \end{cases}(i=1,2,\cdots,M)$,则 $X = \sum_{i=1}^{M} X_i$.

依题意知

$$P\{X_i = 0\} = P\{\text{第 } i \text{ 个盒子中无球}\} = \frac{(M-1)^n}{M^n} = \left(1 - \frac{1}{M}\right)^n,$$

故

$$P\{X_i = 1\} = P\{\text{第 } i \text{ 个盒子中有球}\} = 1 - \left(1 - \frac{1}{M}\right)^n,$$

因而

$$E(X_i) = 1 \times P\{X_i = 1\} + 0 \times P\{X_i = 0\} = 1 - \left(1 - \frac{1}{M}\right)^n.$$

由数学期望的性质(3)可得

$$E(X) = E\left(\sum_{i=1}^{M} X_i\right) = \sum_{i=1}^{M} E(X_i) = M\left[1 - \left(1 - \frac{1}{M}\right)^n\right].$$

课堂练习

1.设随机变量 X 和 Y 相互独立,且 $X \sim U(1,3)$,Y 服从参数为 2 的指数分布,则 $E(XY) = $ _____.

2.设随机变量 X 的分布律如下,求 $E(X)$、$E(X^2)$、$E(3X^2 + X + 5)$.

X	-2	0	2
P	0.4	0.3	0.3

3.设随机变量 X 的密度函数为 $f(x) = \begin{cases} 2x, & 0 < x < 1 \\ 0, & \text{其他} \end{cases}$,求 $E(X)$、$E(X^2)$.

4.2 方　差

4.2.1 方差的定义

随机变量 X 的数学期望 $E(X)$ 可以体现 X 所取值的平均水平,但当两个随机变量取值的平均水平相同的时候(即数学期望相等),如何评判这两组数值的优劣?这个时候,我们会关注另一个特征——偏离程度.当 X 与其均值 $E(X)$ 的偏离程度越小,我们会认为 X 的数值越稳定;反之,则说明 X 的数值波动较大,不稳定.描述 X 取值的偏离程度,可以用表达式 $E\{|X-E(X)|\}$ 表示,但式中的绝对值不利于运算,为方便计算,我们改用量

$$E\{[X-E(X)]^2\}$$

来衡量这种偏离程度,这个量就是方差.

定义　设 X 是一个随机变量,若 $E\{[X-E(X)]^2\}$ 存在,则称其为 X 的**方差**,记为 $D(X)$ 或 $\mathrm{Var}(X)$,即

$$D(X) = \mathrm{Var}(X) = E\{[X-E(X)]^2\} \tag{4-7}$$

在应用中,我们还引入了量 $\sqrt{D(X)}$,记作 σ,称为**标准差**.

按定义,随机变量 X 的方差表示 X 的取值与其数学期望的偏离程度.若 X 的取值比较集中,则 $D(X)$ 较小;反之,若 X 的取值比较分散,则 $D(X)$ 较大.因此,$D(X)$ 是刻画 X 取值分散程度的一个量,是用于衡量 X 取值分散程度的一个标尺.

由定义可知,方差实际上是随机变量 X 的函数 $g(X)=[X-E(X)]^2$ 的数学期望,于是,当方差存在的情况下,计算方差可以采用如下公式.

1. 方差计算公式(一)

(1) 当 X 为离散型随机变量时,由式(4-3)知

$$D(X) = \sum_{k=1}^{+\infty} [x_k - E(X)]^2 p_k \tag{4-8}$$

这里 $P\{X=x_k\} = p_k(k=1,2,\cdots)$ 是 X 的分布律.

(2) 当 X 为连续型随机变量时,由式(4-4)知

$$D(X) = \int_{-\infty}^{+\infty} [x - E(X)]^2 f(x)\mathrm{d}x \tag{4-9}$$

这里 $f(x)$ 是 X 的概率密度.

注意,由数学期望的性质(1)、(2)、(3)知

$$D(X) = E\{[X-E(X)]^2\} = E\{X^2 - 2XE(X) + [E(X)]^2\}$$
$$= E(X^2) - 2E(X)E(X) + [E(X)]^2 = E(X^2) - [E(X)]^2,$$

于是我们得到了除定义法以外的另一个计算方差的方法.

2. 方差计算公式(二)

$$D(X) = E(X^2) - [E(X)]^2 \qquad (4\text{-}10)$$

由式(4-10)可知,要计算 X 的方差,我们只需分别算出 X 和 X^2 的期望,代入式(4-10)即可.一般情况下,公式(二)的计算量要明显小于公式(一).

【例 4-8】　设随机变量 X 服从 0-1 分布,其分布律为 $P\{X=0\}=1-p, P\{X=1\}=p$,求 $D(X)$.

解　$E(X) = 0 \cdot (1-p) + 1 \cdot p = p, E(X^2) = 0^2 \cdot (1-p) + 1^2 \cdot p = p$,由式(4-10)知 $D(X) = E(X^2) - [E(X)]^2 = p - p^2 = p(1-p)$.

【例 4-9】　设随机变量 X 服从参数为 λ 的泊松分布($\lambda > 0$),求 $D(X)$.

解　X 的分布律为

$$P\{X=k\} = \frac{\lambda^k e^{-\lambda}}{k!} \quad (k = 0, 1, 2, \cdots),$$

在例 4-2 中我们已经算得 $E(X) = \lambda$,而

$$\begin{aligned} E(X^2) &= E[X(X-1) + X] = E[X(X-1)] + E(X) \\ &= \sum_{k=0}^{+\infty} k(k-1) \frac{\lambda^k e^{-\lambda}}{k!} + \lambda = \lambda^2 e^{-\lambda} \sum_{k=2}^{+\infty} \frac{\lambda^{k-2}}{(k-2)!} + \lambda \\ &= \lambda^2 e^{-\lambda} e^{\lambda} + \lambda = \lambda^2 + \lambda, \end{aligned}$$

故方差为

$$D(X) = E(X^2) - [E(X)]^2 = \lambda.$$

由此可知,泊松分布的数学期望和数学方差相等,都等于 λ.而泊松分布只含有一个参数 λ,因此,只要知道泊松分布的数学期望或是方差就可以确定它的分布.

下面我们来看几个常见的连续型随机变量方差的例子.

【例 4-10】　设随机变量 $X \sim U(a, b)$,求 $D(X)$.

解　X 的概率密度为

$$f(x) = \begin{cases} \dfrac{1}{b-a}, & a < x < b \\ 0, & \text{其他} \end{cases}.$$

在例 4-4 中我们已经算得 $E(X) = \dfrac{a+b}{2}, E(X^2) = \dfrac{a^2 + ab + b^2}{3}$,故

$$D(X) = E(X^2) - [E(X)]^2 = \frac{(b-a)^2}{12}.$$

【例 4-11】　设随机变量 X 服从指数分布,其概率密度为

$$f(x) = \begin{cases} \dfrac{1}{\theta} e^{-x/\theta}, & x > 0 \\ 0, & x \leqslant 0 \end{cases}.$$

其中 $\theta > 0$,求 $E(X), D(X)$.

解　$E(X) = \displaystyle\int_{-\infty}^{+\infty} x f(x) \mathrm{d}x = \int_{0}^{+\infty} \frac{x}{\theta} e^{-x/\theta} \mathrm{d}x = -x e^{-x/\theta} \Big|_{-\infty}^{+\infty} + \int_{0}^{+\infty} e^{-x/\theta} \mathrm{d}x = \theta,$

$$E(X^2) = \int_{-\infty}^{+\infty} x^2 f(x)\mathrm{d}x = \int_{-\infty}^{+\infty} \frac{x^2}{\theta} \mathrm{e}^{-x/\theta} \mathrm{d}x = - x^2 \mathrm{e}^{-x/\theta} \Big|_0^{+\infty} + \int_0^{+\infty} 2x\mathrm{e}^{-x/\theta} \mathrm{d}x = 2\theta^2,$$

于是

$$D(X) = E(X^2) - [E(X)]^2 = 2\theta^2 - \theta^2 = \theta^2.$$

即

$$E(X) = \theta, \quad D(X) = \theta^2.$$

4.2.2 方差的性质

下面我们来看看方差有哪些性质(设以下所有随机变量的方差均存在).

(1) 设 C 为常数,则 $D(C) = 0$.

(2) 设 X 是随机变量,C 为常数,则有

$$D(CX) = C^2 D(X).$$

(3) 设 X, Y 是两个随机变量,则有

$$D(X + Y) = D(X) + D(Y) + 2E\{(X - E(X))(Y - E(Y))\}$$
$$= D(X) + D(Y) + 2\{E(XY) - E(X)E(Y)\}. \tag{4-11}$$

特别地,若 X 和 Y 相互独立,则有

$$D(X + Y) = D(X) + D(Y)$$

当 X 和 Y 前面的系数为其他常数时,我们有更为一般的计算式.

(4) 设 a, b 为任意常数,则有

$$D(aX + bY) = a^2 D(X) + b^2 D(Y) + 2abE\{(X - E(X))(Y - E(Y))\}$$
$$= a^2 D(X) + b^2 D(Y) + 2ab\{E(XY) - E(X)E(Y)\}$$

特别地,若 X 和 Y 相互独立,则有

$$D(aX + bY) = a^2 D(X) + b^2 D(Y) \tag{4-12}$$

这一性质也可以推广到任意有限多个相互独立的随机变量之和的情况:

设 $X_1, X_2, \cdots, X_n$ 相互独立,$c_1, c_2, \cdots, c_n$ 为任意常数,则

$$D\Big(\sum_{i=1}^n c_i X_i\Big) = \sum_{i=1}^n c_i^2 D(X_i).$$

(5) $D(X) = 0$ 的充分必要条件为:$P\{X = C\} = 1$,即 X 以概率1取常数,显然,这里 $C = E(X)$.

证明 (1) $D(C) = E\{[C - E(C)]^2\} = 0$.

(2) $D(CX) = E\{[CX - E(CX)]^2\} = C^2 E\{[X - E(X)]^2\} = C^2 D(X)$.

(3) $D(X + Y) = E\{[(X + Y) - E(X + Y)]^2\} = E\{[(X - E(X)) + (Y - E(Y))]^2\}$
$$= E\{[X - E(X)]^2\} + E\{[Y - E(Y)]^2\} + 2E\{[X - E(X)][Y - E(Y)]\}$$
$$= D(X) + D(Y) + 2E\{[X - E(X)][Y - E(Y)]\},$$

这里

$$E\{[X - E(X)][Y - E(Y)]\} = E\{XY - XE(Y) - YE(X) + E(X)E(Y)\}$$

$$= E(XY) - E(Y)E(X) - E(X)E(Y) + E(X)E(Y)$$
$$= E(XY) - E(Y)E(X)$$

当 X 和 Y 相互独立时,由数学期望的性质(5)可知 $E(XY) - E(Y)E(X) = 0$,即

$$D(X + Y) = D(X) + D(Y).$$

性质(4)与性质(5)的证明略.

【例 4-12】　设 $X \sim B(n, p)$,求 $E(X)$ 和 $D(X)$.

解　由二项分布的定义可知,随机变量 X 是 n 重伯努利试验中事件 A 发生的次数,而每一次试验中 A 发生的概率为 p,我们引入随机变量 $X_1, X_2, \cdots, X_n$,满足

$$X_k = \begin{cases} 1, & A \text{ 在第 } k \text{ 次试验中发生} \\ 0, & A \text{ 在第 } k \text{ 次试验中不发生} \end{cases} \quad (k = 1, 2, \cdots, n).$$

显然

$$X = X_1 + X_2 + \cdots + X_n \tag{4-13}$$

因为 X_k 的取值只取决于是第几次试验,故各次试验结果是相互独立的,从而 $X_1, X_2, \cdots,$ X_n 相互独立,且 $X_k (k = 1, 2, \cdots, n)$ 均服从如下 0-1 分布:

X_k	0	1
p_k	$1 - p$	p

易知 $E(X_k) = p, D(X_k) = p(1 - p)(k = 1, 2, \cdots, n)$,由数学期望和方差的性质可知

$$E(X) = E\left(\sum_{k=1}^{n} X_k\right) = \sum_{k=1}^{n} E(X_k) = np,$$

$$D\left(\sum_{k=1}^{n} X_k\right) = \sum_{k=1}^{n} D(X_k) = np(1 - p).$$

即该二项分布的数学期望和方差分别为 np 和 $np(1 - p)$.

【例 4-13】　设 $X \sim N(\mu, \sigma^2)(\sigma > 0)$,求 $E(X)$ 和 $D(X)$.

解　设 $Z = \dfrac{X - \mu}{\sigma}$,则 $Z \sim N(0, 1)$,Z 的密度函数为

$$\varphi(z) = \frac{1}{\sqrt{2\pi}} e^{-z^2/2}.$$

先求 Z 的数学期望和方差,

$$E(Z) = \int_{-\infty}^{+\infty} z \cdot \frac{1}{\sqrt{2\pi}} e^{-z^2/2} \, dz = \frac{-1}{\sqrt{2\pi}} e^{-z^2/2} \bigg|_{-\infty}^{+\infty} = 0,$$

$$D(Z) = E(Z^2) - [E(Z)]^2 = E(Z^2) = \int_{-\infty}^{+\infty} z^2 \cdot \frac{1}{\sqrt{2\pi}} e^{-z^2/2} \, dz$$

$$= \frac{-1}{\sqrt{2\pi}} z e^{-z^2/2} \bigg|_{-\infty}^{+\infty} + \frac{1}{\sqrt{2\pi}} \int_{-\infty}^{+\infty} e^{-z^2/2} \, dz = 1,$$

而 $X = \sigma Z + \mu$,故

$$E(X) = E(\sigma Z + \mu) = \sigma E(Z) + \mu = \mu,$$

$$D(X) = D(\sigma Z + \mu) = \sigma^2 D(Z) = \sigma^2.$$

由这个例子我们可以看到,正态分布中的两个参数事实上就是其数学期望和方差,因此正态分布可以完全由其数学期望和方差所确定.

结合上一章独立性的知识及数学期望和方差的性质,我们可以得到关于**正态分布的一个重要结果**:

若 $X_i \sim N(\mu_i, \sigma_i^2)$, $\sigma_i \geqslant 0$ $(i = 1, 2, \cdots, n)$,且 $X_1, \cdots, X_n$ 相互独立,则它们的线性组合仍服从正态分布,即

$$c_1 X_1 + c_2 X_2 + \cdots + c_n X_n \sim N(c_1 \mu_1 + \cdots + c_n \mu_n, c_1^2 \sigma_1^2 + \cdots + c_n^2 \sigma_n^2),$$

这里 $c_1, c_2, \cdots, c_n$ 是不全为 0 的常数.

例如,若 $X \sim N(1, 3)$,$Y \sim N(2, 4)$,X 和 Y 相互独立,令 $Z = 5X - 3Y$,则 $E(Z) = 5 \times 1 - 3 \times 2 = -1$,$D(Z) = 5^2 \times 3 - 3^2 \times 4 = 39$,故 $Z \sim N(-1, 39)$.

最后,我们将几种常用概率分布的数学期望和方差总结为下表(表 4-1),牢记这些基本概率分布的数学期望和方差,将有助于求其他一些更复杂的概率分布的数字特征.

表 4-1　　几种常用概率分布的数学期望和方差

X 的概率分布	数学期望 $E(X)$	方差 $D(X)$
0-1 分布(参数为 p)	p	$p(1-p)$
二项分布 $B(n, p)$	np	$np(1-p)$
泊松分布 $\pi(\lambda)$	λ	λ
均匀分布 $U(a, b)$	$\dfrac{a+b}{2}$	$\dfrac{(b-a)^2}{12}$
指数分布 $E(\lambda)$	$\dfrac{1}{\lambda}$	$\dfrac{1}{\lambda^2}$
正态分布 $N(\mu, \sigma^2)$	μ	σ^2

课堂练习

1. 对任意两个随机变量 X 和 Y,若 $E(XY) = E(X)E(Y)$,则(　　).

A. $D(XY) = D(X)D(Y)$ 　　　　B. $D(X+Y) = D(X) + D(Y)$

C. X 与 Y 相互独立 　　　　D. X 与 Y 不相互独立

2. 设随机变量 X 的分布律如下,求 $D(X)$, $D(2X-5)$.

X	-2	0	2
P	0.4	0.3	0.3

3. 设随机变量 X 的密度函数为 $f(x) = \begin{cases} 2x, & 0 < x < 1 \\ 0, & \text{其他} \end{cases}$,求 $D(X)$.

4.3 协方差及相关系数

在前两节中,我们讨论了单个随机变量的数学期望和方差,而对于二维随机变量 (X,Y),除了关注 X 与 Y 的数学期望和方差外,我们还需讨论可以用于描述 X 和 Y 之间相互关系的数字特征,本节将研究这类数字特征.

在 4.2 节中,由方差的性质(3)可知:若两个随机变量 X 和 Y 相互独立,则有

$$E\{[X-E(X)][Y-E(Y)]\}=0.$$

但是,当 $E\{[X-E(X)][Y-E(Y)]\}\neq0$ 时,X 和 Y 一定不相互独立,它们之间存在一定的关系.

定义 称 $E\{[X-E(X)][Y-E(Y)]\}$ 为随机变量 X 和 Y 的**协方差**,记为 $\mathrm{Cov}(X,Y)$,即

$$\mathrm{Cov}(X,Y)=E\{[X-E(X)][Y-E(Y)]\}.$$

记

$$\rho_{XY}=\frac{\mathrm{Cov}(X,Y)}{\sqrt{D(X)}\,\sqrt{D(Y)}},$$

称 ρ_{XY} 为随机变量 X 与 Y 的**相关系数**.相关系数无量纲.

在方差性质(3)的证明中,我们可以得到关于协方差的另一个更方便计算的公式

$$\mathrm{Cov}(X,Y)=E(XY)-E(X)E(Y) \tag{4-14}$$

而方差的性质(4)中的结论也可以简洁地表示为

$$D(aX+bY)=a^2D(X)+b^2D(Y)+2ab\mathrm{Cov}(X,Y) \tag{4-15}$$

a,b 为任意常数.我们经常利用式(4-15)来计算协方差.

【例 4-14】 设随机变量 $\theta\sim U(-\pi,\pi)$,$X=\sin\theta,Y=\cos\theta$,求:$\mathrm{Cov}(X,Y)$ 和 ρ_{XY}.

解 θ 的密度函数为

$$f(\theta)=\begin{cases}\dfrac{1}{2\pi}, & -\pi<\theta<\pi \\ 0, & \text{其他}\end{cases},$$

故

$$E(X)=\frac{1}{2\pi}\int_{-\pi}^{\pi}\sin x\mathrm{d}x=0,\quad E(Y)=\frac{1}{2\pi}\int_{-\pi}^{\pi}\cos y\mathrm{d}y=0,$$

$$E(XY)=\frac{1}{2\pi}\int_{-\pi}^{\pi}\cos x\sin x\mathrm{d}x=0.$$

从而

$$\mathrm{Cov}(X,Y)=E(XY)-E(X)E(Y)=0,$$

$$\rho_{XY}=\frac{\mathrm{Cov}(X,Y)}{\sqrt{D(X)}\,\sqrt{D(Y)}}=0.$$

利用数学期望的性质,我们不难得到以下**协方差的性质**:

(1) $\text{Cov}(X,c)=0$,这里 c 为常数.

(2) $\text{Cov}(X,Y)=\text{Cov}(Y,X)$.

(3) $\text{Cov}(X,X)=D(X)$.

(4) $\text{Cov}(aX+c,bY+d)=ab\text{Cov}(X,Y)$,这里 a,b,c,d 是常数.

(5) $\text{Cov}(aX_1+bX_2,Y)=a\text{Cov}(X_1,Y)+b\text{Cov}(X_2,Y)$.

再来看一下相关系数 ρ_{XY} 的性质,这里主要有三条:

(1) $|\rho_{XY}|\leqslant 1$.

(2) 当 $|\rho_{XY}|=1$ 时,称 X 与 Y **完全相关**,其充分必要条件是:存在常数 a,b,使得

$$P\{Y=aX+b\}=1.$$

(3) 当 $\rho_{XY}=0$ 时,称 X 与 Y **不相关**. 若 X 与 Y 相互独立,则 X 与 Y 不相关.

由相关系数的性质(2)可以得知,相关系数 ρ_{XY} 是一个可以用来刻画 X 与 Y 之间线性关系紧密程度的量. 当 $|\rho_{XY}|$ 的值较大时,我们认为 X 与 Y 线性相关的程度较好,而当 $|\rho_{XY}|$ 的值较小时,我们则通常说 X 与 Y 的线性相关程度较差. 但 X 与 Y 不相关,只能说明 X 与 Y 之间不存在线性关系,并没有排除它们之间其他可能的关系. 例如,在例 4-14 中,虽然 $\rho_{XY}=0$,即 X 与 Y 不相关,但不难看出 X 与 Y 之间还是存在了其他关系,因为 $X^2+Y^2=1$.

相关系数的性质(3)的结论可由相关系数的定义及数学期望的性质得出,但其结论中不相关与相互独立的关系反过来不一定成立. 即在一般情况下,不相关与相互独立并不等价,不相关只是相互独立的必要条件.

当然,这只是就一般关系而言,也有特例:**当二维随机变量 (X,Y) 服从二维正态分布时,X 与 Y 不相关 $\Leftrightarrow X$ 与 Y 相互独立.**

【**例 4-15**】 设随机变量 (X,Y) 的分布律如下,求 $\text{Cov}(X,Y)$ 和 ρ_{XY}.

X \ Y	-1	3
0	1/4	0
2	1/2	1/4

解 先分别求出 X、Y 和 XY 的分布律

X	0	2
P	1/4	3/4

Y	-1	3
P	3/4	1/4

XY	-2	0	6
P	1/2	1/4	1/4

故

$$E(X)=0\times\frac{1}{4}+2\times\frac{3}{4}=\frac{3}{2}, \quad E(Y)=-1\times\frac{3}{4}+3\times\frac{1}{4}=0,$$

$$E(X^2)=0^2\times\frac{1}{4}+2^2\times\frac{3}{4}=3, \quad E(Y^2)=(-1)^2\times\frac{3}{4}+3^2\times\frac{1}{4}=3,$$

$$E(XY) = -2 \times \frac{1}{2} + 0 \times \frac{1}{4} + 6 \times \frac{1}{4} = \frac{1}{2},$$

从而

$$D(X) = E(X^2) - [E(X)]^2 = \frac{3}{4}, \quad D(Y) = E(Y^2) - [E(Y)]^2 = 3,$$

因此

$$\text{Cov}(X,Y) = E(XY) - E(X)E(Y) = \frac{1}{2} - \frac{3}{2} \times 0 = \frac{1}{2},$$

$$\rho_{XY} = \frac{\text{Cov}(X,Y)}{\sqrt{D(X)}\sqrt{D(Y)}} = \frac{1/2}{\sqrt{3/4}\sqrt{3}} = \frac{1}{3}.$$

课堂练习

1.设随机变量 X 与 Y 相互独立, $X \sim N(3, 0.01)$, $Y \sim U(2,8)$, 则 $\text{Cov}(X,Y) =$ _____.

2.设二维随机变量 (X,Y) 的分布律如下,求常数 a, $\text{Cov}(X,Y)$, ρ_{XY}.

X \ Y	1	2
0	0.1	0.5
1	a	0.2

3.设随机变量 X 和 Y, $D(X) = 1$, $D(Y) = 25$, $\rho_{XY} = 0.4$, 求 $D(2X - Y)$.

4.4　矩

这一节我们简单介绍一下随机变量的另外一种数字特征:矩.

定义　设 X 和 Y 是随机变量,若

$$E(X^k) \quad (k = 1, 2, \cdots)$$

存在,则称之为 X 的 k **阶原点矩**,简称 k **阶矩**.若 $E\{[X - E(X)]^k\}(k = 2, 3, \cdots)$ 存在,则称之为 X 的 k **阶中心矩**.若 $E(X^k Y^l)(k, l = 1, 2, \cdots)$ 存在,则称之为 X 和 Y 的 $k + l$ **阶混合矩**.若 $E\{[X - E(X)]^k [Y - E(Y)]^l\}(k, l = 1, 2, \cdots)$ 存在,则称之为 X 和 Y 的 $k + l$ **阶混合中心矩**.

若 X 和 Y 的一阶、二阶原点矩及其二阶混合矩均存在,则称二阶矩阵

$$C = \begin{pmatrix} \text{Cov}(X,X) & \text{Cov}(X,Y) \\ \text{Cov}(Y,X) & \text{Cov}(Y,Y) \end{pmatrix}$$

为二维随机变量 (X,Y) 的**协方差矩阵**,简记为

$$C=\begin{bmatrix} C_{XX} & C_{XY} \\ C_{YX} & C_{YY} \end{bmatrix}$$

显然,我们在前几节学习过的数学期望 $E(X)$ 即是 X 的一阶原点矩,方差 $D(X)$ 是 X 的二阶中心矩,$Cov(X,Y)$ 是 X 和 Y 的二阶混合中心矩,而在计算 $Cov(X,Y)$ 的过程中需要用到的 $E(XY)$ 则是 X 和 Y 的二阶混合矩.

课堂练习

1.设随机变量 X,$E(X)=8$,$D(X)=1$,求 X 的二阶矩.

2.设随机变量 X 和 Y,$E(X)=2$,$E(Y)=8$,$D(X)=1$,$D(Y)=4$,$\rho_{XY}=0.5$,求 X 与 Y 的二阶混合矩 $E(XY)$.

3.设随机变量 $X_1,X_2,\cdots,X_n$ 相互独立且同分布,$E(X_1)=\mu$,$D(X_1)=\sigma^2$,记 $\overline{X}=\frac{1}{n}\sum_{i=1}^{n}X_i$,证明:$E(\overline{X})=\mu$,$D(\overline{X})=\frac{\sigma^2}{n}$.

习题四

A 组

一、选择题

1.已知随机变量 X 服从参数为 2 的指数分布,则随机变量 X 的期望为( ).

A. $-\frac{1}{2}$ B. 0   C. $\frac{1}{2}$ D. 2

2.设二维随机变量 (X,Y) 满足 $E(XY)=E(X)E(Y)$,则 X 与 Y( ).

A. 相关   B. 不相关   C. 独立   D. 不独立

3.设 $E(X)$,$E(Y)$,$D(X)$,$D(Y)$ 及 $Cov(X,Y)$ 均存在,则 $D(X-Y)=($).

A. $D(X)+D(Y)$ B. $D(X)-D(Y)$

C. $D(X)+D(Y)-2Cov(X,Y)$ D. $D(X)-D(Y)+2Cov(X,Y)$

4.设随机变量 X 和 Y 相互独立,且 $X\sim N(3,4)$,$Y\sim N(2,9)$,则 $Z=3X-Y\sim($).

A. $N(7,21)$ B. $N(7,27)$ C. $N(7,45)$ D. $N(11,45)$

二、填空题

1.设随机变量 $X\sim N(0,2)$,则 $D(-2X+2)=$_____.

2.设随机变量 X 服从参数为 2 的泊松分布,$Y \sim B\left(8, \dfrac{1}{3}\right)$,且 X 和 Y 相互独立,则

$D(X-3Y-4) = $ _____.

3.设二维随机变量 (X,Y) 的分布律如下,则 $E(XY) = $ _____.

Y X	0	1
1	$\dfrac{1}{6}$	$\dfrac{2}{6}$
2	$\dfrac{2}{6}$	$\dfrac{1}{6}$

4.设随机变量 X 的分布律如下,则 $E(X^2) = $ _____.

X	-1	1
P	$\dfrac{1}{3}$	$\dfrac{2}{3}$

5.随机变量 X 与 Y 相互独立,$D(X) > 0$,$D(Y) > 0$,则 X 与 Y 的相关系数 $\rho_{XY} = $

_____.

三、解答题

1.设随机变量 X 的分布律为

X	-2	1	4
P	0.25	0.7	0.05

求:$E(X)$;$E(-X+1)$;$E(X^2)$;$D(X)$;$D(-2X-2)$.

2.设随机变量 X,$E(2X-1) = 9$,$D(3X+1) = 9$,求 $E(X^2)$.

3.设二维随机变量 (X,Y) 的分布律如下

Y X	0	2
-1	$\dfrac{1}{8}$	a
1	$\dfrac{1}{4}$	$\dfrac{3}{8}$

求:常数 a;$E(XY)$;$\mathrm{Cov}(X,Y)$;ρ_{XY}.

4.设随机变量 X 的密度函数为 $f(x) = \begin{cases} 2(1-x), & 0 < x < a \\ 0, & \text{其他} \end{cases}$,

求:常数 a;$E(X)$;$D(X)$.

5.设 $X \sim N(0,4)$,$Y \sim U(0,4)$,$Y \sim U(0,4)$,且 X,Y 相互独立,

求:$E(XY)$;$D(X+Y)$;$D(2X-3Y)$.

6.设随机变量 $X \sim B\left(10, \dfrac{1}{2}\right)$,$Y \sim N(2,10)$,且 $E(XY) = 14$,

求 ρ_{XY}.

7. 设随机变量 X 服从参数为 λ 的泊松分布($\lambda > 0$),已知 $E[(X-2)(X+3)] = 2$,求 λ 的值.

8. 设 X 表示 10 次独立重复射击命中目标的次数,每次射中目标的概率为 0.4,试求 $E(X)$ 和 $E(X^2)$.

9. 若随机变量 X_1, X_2, X_3 相互独立,且均服从标准正态分布 $N(0,1)$,则 $\sum\limits_{i=1}^{3} X_i$、$\dfrac{1}{3}\sum\limits_{i=1}^{3} X_i$ 服从什么分布?

10. 设连续型随机变量 X 的分布函数为 $F(x) = \begin{cases} 0, & x < 0 \\ \dfrac{x}{8}, & 0 \leqslant x \leqslant 8, \\ 1, & x \geqslant 8 \end{cases}$ 求:

(1) X 的概率密度 $f(x)$;(2)$E(X)$,$D(X)$;(3)$P\left\{|X - E(X)| \leqslant \dfrac{D(X)}{8}\right\}$.

B 组

一、填空题

1. 设随机变量 $X \sim N(0,1)$,则 $E(Xe^{2X}) = $ _____.

2. 设随机变量 $X_1, X_2, \cdots, X_n$ 独立同分布($n > 1$),其共同的密度函数为

$$f(x) = \begin{cases} \dfrac{2x}{3\theta^2}, & \theta < x < 2\theta \\ 0, & 其他 \end{cases}$$

这里 θ 是未知参数,若 $E\left(c\sum\limits_{i=1}^{n} X_i^2\right) = \theta^2$,则 $c = $ _____.

二、选择题

1. 设连续型随机变量 X_1 与 X_2 相互独立,且方差均存在,X_1 与 X_2 的概率密度分别为 $f_1(x)$ 与 $f_2(x)$,随机变量 Y_1 的概率密度为 $f_{Y_1}(y) = \dfrac{1}{2}[f_1(y) + f_2(y)]$,随机变量 $Y_2 = \dfrac{1}{2}(X_1 + X_2)$,则(　　).

A. $E(Y_1) > E(Y_2)$,$D(Y_1) > D(Y_2)$　　B. $E(Y_1) = E(Y_2)$,$D(Y_1) = D(Y_2)$

C. $E(Y_1) = E(Y_2)$,$D(Y_1) < D(Y_2)$　　D. $E(Y_1) = E(Y_2)$,$D(Y_1) > D(Y_2)$

2. 设随机变量 $X_1, X_2, \cdots, X_n$ 独立同分布($n > 1$),$D(X_1) = \sigma^2 > 0$,记 $\overline{X} = \dfrac{1}{n}\sum\limits_{i=1}^{n} X_i$,则 $X_1 - \overline{X}$ 与 $\overline{X}$ 的相关系数为(　　).

A. -1　　　　　　B. 0　　　　　　C. $\dfrac{1}{2}$　　　　　　D. 1

3. 已知随机变量 X 与 Y 有相同的不为零的方差,则 X 与 Y 的相关系数 $\rho = 1$ 的充要条件是(　　).

A. $\mathrm{Cov}(X+Y, X) = 0$　　　　　　B. $\mathrm{Cov}(X+Y, Y) = 0$

C. $\mathrm{Cov}(X+Y, X-Y) = 0$　　　　D. $\mathrm{Cov}(X-Y, X) = 0$

三、解答题

1. 一台设备由三大部件构成,在设备运转过程中,各个部件需要调整的概率分别为 0.1、0.2、0.3. 假设各个部件的状态相互独立,用 X 表示同一时间需要调整的部件数,试求 X 的数学期望 $E(X)$ 和方差 $D(X)$.

2. 设 A 和 B 为随机变量,且 $P(A) = \dfrac{1}{4}$,$P(B \mid A) = \dfrac{1}{3}$,$P(A \mid B) = \dfrac{1}{2}$,令

$$X = \begin{cases} 1, & A \text{ 发生} \\ 0, & A \text{ 不发生} \end{cases}, \quad Y = \begin{cases} 1, & B \text{ 发生} \\ 0, & B \text{ 不发生} \end{cases},$$

求:(1) 二维随机变量 (X, Y) 的联合分布律;(2) 相关系数 ρ_{XY}.

3. 设随机变量 X 的概率密度为

$$f(x) = \frac{1}{\sqrt{\pi}} \mathrm{e}^{-x^2 + x - \frac{1}{4}} \quad (-\infty < x < +\infty),$$

求随机变量 X 的二阶原点矩.

4. (1) 设随机变量 $W = (aX + 3Y)^2$,$E(X) = E(Y) = 0$,$D(X) = 4$,$D(Y) = 16$,$\rho_{XY} = -0.5$. 求常数 a 使 $E(W)$ 为最小,并求 $E(W)$ 的最小值.

(2) 设随机变量 (X, Y) 服从二维正态分布,且有 $D(X) = \sigma_X^2$,$D(Y) = \sigma_Y^2$. 试证明:当 $a^2 = \sigma_X^2 / \sigma_Y^2$ 时,随机变量 $W = X - aY$ 与 $V = X + aY$ 相互独立.

5. 设随机变量 X 在区间 $[-1, 1]$ 上服从均匀分布,随机变量 Y 定义如下:

$(1) Y = \begin{cases} 1, & X > 0 \\ 0, & X = 0 \\ -1, & X < 0 \end{cases}; (2) Y = \dfrac{X}{1 + X^2}.$

试分别求出两种定义下的 $D(Y)$ 和 $\mathrm{Cov}(X, Y)$.

6. 设随机变量 X 的概率分布为 $P\{X = 1\} = P\{X = 2\} = \dfrac{1}{2}$,在给定 $X = i$ 的条件下,随机变量 Y 服从均匀分布 $U(0, i)(i = 1, 2)$.

求:(1) Y 的分布函数 $F_Y(y)$;(2) $E(Y)$.

7. 设随机变量 X_1 与 X_2 相互独立,且分别服从参数为 λ_1 和 λ_2 的泊松分布,已知 $P\{X_1 + X_2 > 0\} = 1 - \mathrm{e}^{-1}$,求 $E[(X_1 + X_2)^2]$.

8. 已知 (X, Y) 在以点 $(0, 0)$,$(1, 0)$,$(1, 1)$ 为顶点的三角形区域上服从均匀分布,对 (X, Y) 进行 4 次独立重复观察,设 $X + Y$ 的值不超过 1 出现的次数为 Z,求 $E(Z^2)$.

9. 投掷一枚均匀的骰子直到 6 个点数都出现为止,记这时总的投掷次数为 X,求 $E(X)$.

10. 设袋中有 n 个球,其中 3 个是白球,不返回地取球直到取到两个白球时停止.求所取球数的平均值.

11. 在区间 $(0,1)$ 上随机地取 n 个点,求相距最远的两点间的距离的数学期望.

12. 投篮测试规则为:每人最多投三次,投中为止,且第 i 次投中得分为 $(4-i)$ 分 $(i=1,2,3)$,若三次均未投中则不得分.假设某人投篮测试中投篮的平均次数为 1.56 次.

求:(1) 该人投篮的命中率;(2) 该人投篮的平均得分.

13. 把数字 $1,2,\cdots,n$ 任意排成一列,如果数字 k 恰好出现在第 k 个位置上,则称有一个匹配,以 X 表示所有的匹配数,求 $E(X)$ 和 $D(X)$.

第 5 章 　大数定律及中心极限定理

5.1　大数定律

在许多实践当中,人们发现事件发生的频率具有一定的稳定性,即随着试验次数的增加,事件发生的频率会逐渐稳定于某一个特定的常数.例如抛硬币试验:将一枚硬币抛起,当它落地时,观察硬币的图案是正面还是反面(这里我们假设这枚硬币的密度是比较均匀的).在这个简单的试验中,每次硬币落地后的图案是随机的,当我们只抛少数几次硬币时,看不出任何规律.但当我们将这个试验重复百次、千次甚至更多次,再统计一下出现正面和反面的次数,计算出其各自的频率,我们会发现,出现正面的频率和出现反面频率在逐渐趋近,都朝着 0.5 这个数值靠拢,尽管仍有些许偏差,但这种偏离也在随着试验次数的增加而减少.此外,人们在各种实践中还认识到大量测量值的算术平均值也具有稳定性.本节将学习的大数定律(数量巨大时的统计规律)就反映了这种算术平均值及频率上的稳定性.

在学习第一个大数定律之前,我们首先介绍一个著名的不等式引理.

引理　设随机变量 X 的数学期望为 $E(X)=\mu$,方差为 $D(X)=\sigma^2$,则对于任意正数 $\varepsilon>0$,不等式

$$P\{|X-\mu|\geqslant\varepsilon\}\leqslant\frac{\sigma^2}{\varepsilon^2} \tag{5-1}$$

都成立.这一不等式称为**切比雪夫**(Chebyshev)**不等式**.

证明　我们只就连续型随机变量的情况来证明.设 X 的密度函数为 $f(x)$,$\varepsilon>0$,则有

$$P\{|X-\mu|\geqslant\varepsilon\}=\int_{|x-\mu|\geqslant\varepsilon}f(x)\mathrm{d}x\leqslant\int_{|x-\mu|\geqslant\varepsilon}\frac{|x-\mu|^2}{\varepsilon^2}f(x)\mathrm{d}x$$

$$\leqslant \frac{1}{\varepsilon^2} \int_{-\infty}^{+\infty} (x-\mu)^2 f(x) \mathrm{d}x = \frac{\sigma^2}{\varepsilon^2}.$$

由概率的性质,切比雪夫不等式也可以写成如下形式

$$P\{|X-\mu| < \varepsilon\} \geqslant 1 - \frac{\sigma^2}{\varepsilon^2}.$$

利用切比雪夫不等式的结论,我们可以得到反映算术平均值稳定性的一个大数定律.

定理 1 (切比雪夫大数定律)设随机变量 $X_1, X_2, \cdots, X_n, \cdots$ 相互独立,且具有相同的数学期望和方差:$E(X_k) = \mu, D(X_k) = \sigma^2 (k=1,2,\cdots)$. 设前 n 个随机变量的算术平均值为 $\overline{X} = \frac{1}{n}\sum_{k=1}^{n} X_k$,则对于任意正数 $\varepsilon > 0$,都有

$$\lim_{n \to +\infty} P\{|\overline{X} - \mu| < \varepsilon\} = \lim_{n \to +\infty} P\left\{\left|\frac{1}{n}\sum_{k=1}^{n} X_k - \mu\right| < \varepsilon\right\} = 1 \tag{5-2}$$

证明 因为

$$E\left[\frac{1}{n}\sum_{k=1}^{n} X_k\right] = \frac{1}{n}\sum_{k=1}^{n} E(X_k) = \frac{1}{n} \cdot n\mu = \mu,$$

$$D\left[\frac{1}{n}\sum_{k=1}^{n} X_k\right] = \frac{1}{n^2}\sum_{k=1}^{n} D(X_k) = \frac{1}{n^2} \cdot n\sigma^2 = \frac{\sigma^2}{n},$$

由切比雪夫不等式知

$$P\left\{\left|\frac{1}{n}\sum_{k=1}^{n} X_k - \mu\right| < \varepsilon\right\} \geqslant 1 - \frac{\sigma^2/n}{\varepsilon^2},$$

并注意到概率不能超过1,在上式中令 $n \to +\infty$,即得

$$\lim_{n \to +\infty} P\left\{\left|\frac{1}{n}\sum_{k=1}^{n} X_k - \mu\right| < \varepsilon\right\} = 1.$$

式(5-2)表明,当 $n \to +\infty$ 时,事件 $\left\{\left|\frac{1}{n}\sum_{k=1}^{n} X_k - \mu\right| < \varepsilon\right\}$ 的概率趋近于1,也就是说,对于任意正数 $\varepsilon > 0$,当 n 充分大时,不等式 $\left|\frac{1}{n}\sum_{k=1}^{n} X_k - \mu\right| < \varepsilon$ 成立的概率很大. 因此,定理 1 也可以通俗地理解为:对于 n 个相互独立且有共同数学期望 μ 和方差 σ^2 的随机变量 $X_1, X_2, \cdots, X_n$,当 n 足够大时,它们的算术平均值 $\overline{X} = \frac{1}{n}\sum_{k=1}^{n} X_k$ 无限接近于它们的数学期望 μ,而这种接近是在概率意义下的. 这里简单介绍一下概率意义下的极限概念.

设随机变量序列 $Y_1, Y_2, \cdots, Y_n, \cdots, a$ 为一个常数,若对于任意正数 $\varepsilon > 0$,有

$$\lim_{n \to +\infty} P\{|Y_n - a| < \varepsilon\} = 1,$$

则称序列 $Y_1, Y_2, \cdots, Y_n, \cdots$ **依概率收敛于** a,记为 $Y_n \overset{P}{\longrightarrow} a$. 因此,式(5-2)也可以表示为:当 $n \to +\infty$ 时,$\overline{X} \overset{P}{\longrightarrow} \mu$.

注意到,在定理 1 中要求随机变量 $X_1, X_2, \cdots, X_n, \cdots$ 的方差存在,但事实上,当这些随机变量在相互独立同分布的情况下,并不需要方差存在这一条件,于是有以下条件更为

宽松的另一个大数定律.

定理 2　（辛钦大数定律）设随机变量 $X_1, X_2, \cdots, X_n, \cdots$ 相互独立同分布，且具有数学期望 $E(X_k) = \mu(k = 1, 2, \cdots)$，则对于任意正数 $\varepsilon > 0$，有

$$\lim_{n \to +\infty} P\left\{ \left| \frac{1}{n} \sum_{k=1}^{n} X_k - \mu \right| < \varepsilon \right\} = 1 \tag{5-3}$$

证明　略.

辛钦大数定律在实际应用中很重要，下面来考虑它的一种应用.假设某种试验的结果只有两种：A 和 $\bar{A}$，$P(A) = p$，独立并重复做这种试验 n 次，设

$$X_k = \begin{cases} 1, & \text{第 } k \text{ 次试验中 } A \text{ 发生} \\ 0, & \text{第 } k \text{ 次试验中 } \bar{A} \text{ 发生} \end{cases} \quad (k = 1, 2, \cdots, n)$$

则随机变量 $X_1, X_2, \cdots, X_n$ 相互独立，且均服从参数为 p 的 0-1 分布，再设 $Y_A = \sum_{k=1}^{n} X_k$，则 Y_A 代表 n 次试验中 A 出现的次数，$Y_A \sim B(n, p)$，显然 $E(Y_A) = p$.由定理 2 可知，对于任意正数 $\varepsilon > 0$，都有 $\lim_{n \to +\infty} P\left\{ \left| \frac{Y_A}{n} - p \right| < \varepsilon \right\} = 1$，于是得到了辛钦大数定律的一种特殊情况.

定理 3　（伯努利大数定律）设 Y_A 是 n 次独立重复试验中事件 A 发生的次数，p 是事件 A 在每次试验中发生的概率，则对于任意正数 $\varepsilon > 0$，有

$$\lim_{n \to +\infty} P\left\{ \left| \frac{Y_A}{n} - p \right| < \varepsilon \right\} = 1 \tag{5-4}$$

或

$$\lim_{n \to +\infty} P\left\{ \left| \frac{Y_A}{n} - p \right| \geqslant \varepsilon \right\} = 0.$$

伯努利大数定律中的 $\frac{Y_A}{n}$ 事实上就是事件 A 发生的频率.这一定理表明：事件 A 发生的频率 $\frac{Y_A}{n}$ 依概率收敛于事件 A 的概率 p.这一定理用严格的数学形式表达了频率的稳定性，即说明当 n 很大时，某事件发生的频率与它的概率有较大偏差的可能性很小，由实际推断原理，在实际应用中，当试验次数很多时，便可以用事件发生的频率来代替事件的概率.

课堂练习

1. 已知 $D(X) = 2.5$，根据切比雪夫不等式，$P\{|X - E(X)| > 2.5\} \leqslant$ _____.

2. 设随机变量 $X \sim U(1, 5)$，根据切比雪夫不等式，$P\{|X - 3| < 1.5\} \geqslant$ _____.

3. 假设随机变量 $X_1, X_2, \cdots, X_n, \cdots$ 相互独立同分布，X_i 的概率密度均为 $f(x)$，$i = 1, 2, \cdots$.试问 $X_1, X_2, \cdots, X_n, \cdots$ 是否一定满足大数定律？

5.2   中心极限定理

在实际问题中,影响问题结果的因素往往是大量的、随机的且彼此无影响的.单独看每个因素对于最终结果的作用是微小的,于是我们往往需要将所有这些随机因素放到一起,综合考虑它们共同的影响.若将这些单个的随机因素看作是随机变量,那么我们要考虑其综合影响也就是要考虑这些随机变量的和,而这种和往往近似服从正态分布,这也就是本节中心极限定理的客观背景.本节将介绍两个常用的中心极限定理.

定理 4   (独立同分布的中心极限定理)设随机变量 $X_1, X_2, \cdots, X_n, \cdots$ 相互独立同分布,且具有数学期望 $E(X_k) = \mu$ 和方差 $D(X_k) = \sigma^2 > 0 (k = 1, 2, \cdots)$,则对于任意实数 x,前 n 个随机变量之和 $Y_n = \sum_{k=1}^{n} X_k$ 满足

$$\lim_{n \to +\infty} P\left\{ \frac{Y_n - n\mu}{\sqrt{n}\sigma} \leqslant x \right\} = \int_{-\infty}^{x} \frac{1}{\sqrt{2\pi}} e^{\frac{-t^2}{2}} dt = \Phi(x) \tag{5-5}$$

证明   略.

在定理 4 中,我们注意到 $E(Y_n) = n\mu$,$D(Y_n) = n\sigma^2$,该定理表明:当 n 充分大时,Y_n 的标准化变量 $\dfrac{Y_n - n\mu}{\sqrt{n}\sigma}$ 近似地服从标准正态分布 $N(0,1)$.这一结论在实际应用当中是非常有用的.

一般情况下,我们很难求出 n 个随机变量之和 $\sum_{k=1}^{n} X_k$ 的分布函数,但定理 4 却将这一问题简化,当 n 足够大的时候,我们可以用标准正态分布的分布函数 $\Phi(x)$ 作为其近似的分布函数,这样就可以利用我们熟悉的正态分布来对未知的 $\sum_{k=1}^{n} X_k$ 做出各种理论分析或是实际的计算,较为方便.

注意到 $\dfrac{Y_n - n\mu}{\sqrt{n}\sigma} = \dfrac{\frac{1}{n}\sum_{k=1}^{n} X_k - \mu}{\sigma / \sqrt{n}}$,因此定理 4 的结论也有另外一种表述形式,即:在定理 4 的条件下,当 n 充分大时,随机变量 $X_1, X_2, \cdots, X_n$ 的算术平均值 $\overline{X} = \dfrac{1}{n}\sum_{k=1}^{n} X_k$ 近似服从正态分布 $N\left(\mu, \dfrac{\sigma^2}{n}\right)$,这一结果也是我们后面即将学习的数理统计中大样本统计推断的理论基础.

【例 5-1】   为了测定一台机床的质量,把它分解为 75 个部件来称量.假定每个部件

的称量误差（单位：kg）服从区间$(-1,1)$上的均匀分布，且每个部件的称量误差相互独立，试求机床质量总误差的绝对值不超过 10 的概率.

解　设 $X_1, X_2, \cdots, X_{75}$ 分别为 75 个部件的称量误差，$Y = \sum_{i=1}^{75} X_i$ 为机床质量的总误差，依题意 $X_1, X_2, \cdots, X_{75}$ 相互独立且同分布于均匀分布 $U(-1,1)$，则

$$E(X_k) = 0, D(X_k) = \frac{1}{3}(k = 1, \cdots, 75).$$

由定理 4 知 $Y = \sum_{k=1}^{75} X_k$ 近似服从 $N\left(75 \times 0, 75 \times \frac{1}{3}\right) = N(0, 25)$，于是

$$P(|Y| \leqslant 10) = P\{-10 \leqslant Y \leqslant 10\} = \Phi\left(\frac{10-0}{\sqrt{25}}\right) - \Phi\left(\frac{-10-0}{\sqrt{25}}\right) = 2\Phi(2) - 1$$

$$= 2 \times 0.977\,2 - 1 = 0.954\,4.$$

下面我们介绍另一个中心极限定理，它是定理 4 的一个特殊情况.

定理 5　（棣莫弗 - 拉普拉斯（De Moivre-Laplace）中心极限定理）设随机变量 $\eta_n \sim B(n, p)$，这里 $0 < p < 1, n = 1, 2, \cdots$，则对于任意实数 x，有

$$\lim_{n \to +\infty} P\left\{\frac{\eta_n - np}{\sqrt{np(1-p)}} \leqslant x\right\} = \int_{-\infty}^{x} \frac{1}{\sqrt{2\pi}} e^{-\frac{t^2}{2}} dt = \Phi(x) \tag{5-6}$$

证明　设随机变量 $X_1, X_2, \cdots, X_n, \cdots$ 相互独立，且分布于同一个 0-1 分布，分布律为

$$P(X_k = 1) = p, P(X_k = 0) = 1 - p(k = 1, 2, \cdots),$$

则

$$E(X_k) = p, D(X_k) = p(1-p)(k = 1, 2, \cdots).$$

显然 $\eta_n = \sum_{k=1}^{n} X_k$. 由本章定理 4 可知

$$\lim_{n \to +\infty} P\left\{\frac{\eta_n - np}{\sqrt{np(1-p)}} \leqslant x\right\} = \lim_{n \to +\infty} P\left\{\frac{\sum_{k=1}^{n} X_k - np}{\sqrt{np(1-p)}} \leqslant x\right\}$$

$$= \int_{-\infty}^{x} \frac{1}{\sqrt{2\pi}} e^{-\frac{t^2}{2}} dt = \Phi(x).$$

这个定理表明：正态分布是二项分布的极限分布. 当 n 充分大时，我们可以利用式（5-6）来求二项分布的概率近似值.

【例 5-2】　一批种子分优良和普通两个等级，其中优良种子占 $\frac{3}{4}$，现从这批种子中任取 1 200 粒，利用中心极限定理计算这 1 200 粒种子中有不少于 930 粒优良种子的概率.

解　设 1 200 粒种子中有 X 粒优良种子，则 $X \sim B\left(1\,200, \frac{3}{4}\right)$，且

$$E(X) = 900, D(X) = 225,$$

由本章定理 5 知 X 近似服从 $N(900,225)$,于是

$$P(X \geqslant 930) = 1 - P(X < 930) \approx 1 - \Phi\left(\frac{930-900}{\sqrt{225}}\right)$$

$$= 1 - \Phi(2) = 1 - 0.9772 = 0.0228.$$

【例 5-3】 设一个车间里有 400 台同类型的机器,每台机器需要用电为 Q 瓦.由于工艺关系,每台机器并不连续开动,开动的时间只占工作总时间的 $\frac{3}{4}$.问应该供应多少瓦电力才能以 99% 以上的概率保证该车间的机器正常工作?这里,假定各台机器的停和开是相互独立的.

解 设 X 为观察时刻正在开动的机器台数,则依题意 $X \sim B\left(400, \frac{3}{4}\right)$,且

$$E(X) = 400 \times \frac{3}{4} = 300, D(X) = 400 \times \frac{3}{4} \times \frac{1}{4} = 75,$$

根据本章定理 5,$\frac{X-300}{\sqrt{75}}$ 近似服从 $N(0,1)$.

设应提供可供 x 台机器使用的电力才能以 99% 以上的概率保证该车间的机器正常工作,即

$$P\{X \leqslant x\} = P\left\{\frac{X-300}{\sqrt{75}} \leqslant \frac{x-300}{\sqrt{75}}\right\} \approx \Phi\left(\frac{x-300}{\sqrt{75}}\right) \geqslant 0.99$$

查表得 $\Phi(2.33) = 0.99$,于是 $\frac{x-300}{\sqrt{75}} \geqslant 2.33$,即 $x \geqslant 320$.

至少需提供 320Q 瓦电力才能以 99% 以上的概率保证该车间的机器正常工作.

课堂练习

1.设随机变量 $X_1, X_2, \cdots, X_n, \cdots$ 相互独立同分布,且 $E(X_i) = \mu, D(X_i) = \sigma^2 > 0$,则对任意实数 x,$\lim\limits_{n \to +\infty} P\left\{\dfrac{\sum\limits_{i=1}^{n} X_i - n\mu}{\sqrt{n}\sigma} > x\right\} = $ _____.

2.400 发炮弹,已知每发炮弹的命中率为 0.2,利用中心极限定理计算:命中 64 ~ 96 发炮弹的概率近似值.

3.现有 5 000 个零件,各个零件的质量是独立同分布的随机变量,其数学期望为 0.5,标准差为 0.1,求 5 000 个零件的总质量超过 2 510 的概率(单位:kg).

习题五

A 组

一、填空题

1.设随机变量 $X \sim B(10,0.2)$，则由切比雪夫不等式可知 $P\{|X-2|<4\} \geqslant$ _____.

2.设随机变量 X 与 Y 相互独立,且 $E(X)=-2, E(Y)=2, D(X)=1, D(Y)=3$,则 $P\{|X+Y| \geqslant 6\} \leqslant$ _____.

3.设随机变量 $X \sim B(100,0.8)$,由中心极限定理可知,$P\{74<X \leqslant 86\} \approx$ _____.

二、选择题

1.设 $X_1, X_2, \cdots, X_n$ 相互独立同分布于正态分布 $N(\mu,\sigma^2)$,则对任意的 $\varepsilon>0$,$\overline{X}= \dfrac{1}{n} \sum\limits_{i=1}^{n} X_i$ 所满足的切比雪夫不等式为(　　).

A.$P\{|\overline{X}-n\mu|<\varepsilon\} \geqslant \dfrac{n\sigma^2}{\varepsilon^2}$　　　　B.$P\{|\overline{X}-\mu|<\varepsilon\} \geqslant 1-\dfrac{\sigma^2}{n\varepsilon^2}$

C.$P\{|\overline{X}-\mu| \geqslant \varepsilon\} \leqslant 1-\dfrac{n\sigma^2}{\varepsilon^2}$　　　　D.$P\{|\overline{X}-n\mu| \geqslant \varepsilon\} \leqslant \dfrac{n\sigma^2}{\varepsilon^2}$

2.设随机变量序列 $X_1, X_2, \cdots, X_n, \cdots$ 相互独立,根据辛钦大数定律,$X_n(n \geqslant 1)$ 满足下面(　　)条件,则当 $n \to +\infty$ 时,$\dfrac{1}{n} \sum\limits_{i=1}^{n} X_i$ 可依概率收敛于其数学期望.

A.有相同的数学期望　　　　　　　B.服从同一离散型分布

C.服从同一泊松分布　　　　　　　D.服从同一连续型分布

三、解答题

1.设供电站供应某地区 300 户居民的用电,各户居民用电情况相互独立.已知每户每天的用电量服从 $(0,36)$ 上的均匀分布,利用中心极限定理计算该地区每天总用电量不超过 5 850(kW) 的概率.

2.在次品率为 $\dfrac{1}{6}$ 的一批产品中,任意抽取 300 件产品,利用中心极限定理计算抽取的产品中次品件数在 40 与 60 之间的概率.

3.有一批钢材,其中 80% 的长度不小于 3 m,现从钢材中随机取出 100 根,试用中心极限定理求小于 3 m 的钢材不超过 30 根的概率.

4.在人寿保险公司里有 3 000 个同龄人参加人寿保险,在 1 年内每人死亡的概率为 0.1%,参加保险的人在 1 年的第一天交付保险费 10 元,死亡时家属可以从保险公司领取

2 000 元,试用中心极限定理求保险公司亏本的概率.

5.计算机进行数值计算时,遵从四舍五入运算,为求计算简单,现对小数点后第一位进行四舍五入运算,则每次数值运算的误差 X 可以认为服从 $(-0.5,0.5)$ 上的均匀分布,若在一项计算中进行 100 次数值计算,求平均误差落在区间 $\left[-\frac{\sqrt{3}}{20},\frac{\sqrt{3}}{20}\right]$ 上的概率.

6.一学校有 1 000 名住校生,每人都以 80% 的概率去图书馆上自习,问图书馆至少应设置多少个座椅,才能以 99% 的概率保证上自习的同学都有座位.

7.某单位有 260 部电话,每部电话约有 4% 的时间使用外线通话,设每部电话是否使用外线通话是相互独立的,问该单位总机至少要安装多少条外线,才能以 95% 以上的概率保证每部电话需要使用外线通话才能打通.

B 组

一、填空题

1.设随机变量 $X_1,X_2,\cdots,X_n,\cdots$ 相互独立,且同分布于参数为 2 的指数分布,则当 $n\to+\infty$ 时,$Y=\frac{1}{n}\sum_{i=1}^{n}X_i^2$ 依概率收敛于_____.

2.将一枚骰子重复掷 n 次,则当 $n\to+\infty$ 时,n 次掷出点数的算数平均值 $\overline{X}_n$ 依概率收敛于_____.

3.设随机变量 $X_1,X_2,\cdots,X_n,\cdots$ 相互独立,且均服从正态分布 $N(\mu,\sigma^2)$,记 $Y_n=X_{2n}-X_{2n-1}$,根据辛钦大数定律,当 $n\to+\infty$ 时,$\frac{1}{n}\sum_{i=1}^{n}Y_i^2$ 依概率收敛于_____.

4.将一枚骰子连续重复掷 4 次,用 X 表示 4 次掷出的点数之和,则根据切比雪夫不等式 $P\{10<X<18\}\geqslant$ _____.

5.设随机变量 $X_1,X_2,\cdots,X_n$ 相互独立同分布,$E(X_i)=\mu,D(X_i)=8(i=1,2,\cdots,n)$,则概率 $P\{\mu-4<\overline{X}<\mu+4\}\geqslant$ _____,其中 $\overline{X}=\frac{1}{n}\sum_{i=1}^{n}X_i$.

6.已知随机变量 X 与 Y 的相关系数 $\rho_{XY}=\frac{1}{2}$,且 $E(X)=E(Y)$,$D(X)=\frac{1}{4}D(Y)$,则根据切比雪夫不等式有 $P\{|X-Y|\geqslant\sqrt{D(Y)}\}\leqslant$ _____.

7.设随机变量 $X_1,X_2,\cdots,X_n,\cdots$ 相互独立同分布,且 $X_1\sim U(-1,1)$,则有 $\lim_{n\to+\infty}P\left\{\frac{1}{\sqrt{n}}\sum_{i=1}^{n}X_i\leqslant 1\right\}=$ _____(结果用标准正态分布函数 $\Phi(x)$ 表示).

二、选择题

1.设随机变量 X 的方差存在,并且满足不等式 $P\{|X-E(X)|\geqslant 3\}\leqslant\frac{2}{9}$,则一定有( ).

A. $D(X) = 2$　　　　　　　　B. $P\{\mid X - E(X) \mid < 3\} < \dfrac{7}{9}$

C. $D(X) \neq 2$　　　　　　　　D. $P\{\mid X - E(X) \mid < 3\} \geqslant \dfrac{7}{9}$

2. 假设随机变量 $X_1, X_2, \cdots, X_n, \cdots$ 相互独立且同服从参数为 λ 的泊松分布,则以下随机变量序列中,不满足切比雪夫大数定律条件的是(　　).

A. $X_1, X_2, \cdots, X_n, \cdots$　　　　　　B. $X_1 + 1, X_2 + 2, \cdots, X_n + n, \cdots$

C. $X_1, 2X_2, \cdots, nX_n, \cdots$　　　　　　D. $X_1, \dfrac{1}{2}X_2, \cdots, \dfrac{1}{n}X_n, \cdots$

3. 设 $X_1, X_2, \cdots, X_n, \cdots$ 为独立同分布的随机变量序列,且均服从参数为 $\lambda(\lambda > 1)$ 的指数分布,$\Phi(x)$ 为正态分布的分布函数,则(　　).

A. $\displaystyle\lim_{n \to +\infty} P\left\{\dfrac{\sum\limits_{i=1}^{n} X_i - n\lambda}{\lambda \sqrt{n}} \leqslant x\right\} = \Phi(x)$　　B. $\displaystyle\lim_{n \to +\infty} P\left\{\dfrac{\sum\limits_{i=1}^{n} X_i - n\lambda}{\sqrt{n\lambda}} \leqslant x\right\} = \Phi(x)$

C. $\displaystyle\lim_{n \to +\infty} P\left\{\dfrac{\lambda\sum\limits_{i=1}^{n} X_i - n}{\sqrt{n}} \leqslant x\right\} = \Phi(x)$　　D. $\displaystyle\lim_{n \to +\infty} P\left\{\dfrac{\sum\limits_{i=1}^{n} X_i - \lambda}{\sqrt{n\lambda}} \leqslant x\right\} = \Phi(x)$

三、解答题

1. 一食品店有三种蛋糕出售,由于售出哪一种蛋糕是随机的,因而售出一个蛋糕的价格是一个随机变量,它取 1 元、1.2 元、1.5 元各个值的概率分别为 0.3、0.2、0.5. 某天售出 300 个蛋糕. 求:

(1) 收入至少 400 元的概率;

(2) 售出价格为 1.2 元的蛋糕多于 60 个的概率.

2. 重复掷一枚不均匀的硬币,设在每一次试验中出现正面的概率 p 为未知. 分别利用切比雪夫不等式和中心极限定理估计一下要掷多少次才能使出现正面的频率与 p 相差不超过 0.01 的概率达到 95% 以上,并比较两种估计方法的精确度.

3. 设 $X_1, X_2, \cdots, X_n, \cdots$ 为独立同分布的随机变量序列,其共同的分布函数为

$$F(x) = \begin{cases} 0, & x < 0 \\ 1 - \mathrm{e}^{-\frac{x^2}{\theta}}, & x \geqslant 0 \end{cases},$$

其中 $\theta > 0$ 为参数. 问:是否存在实数 a,使得对任意的 $\varepsilon > 0$,都有

$$\lim_{n \to +\infty} P\left\{\left|\dfrac{1}{n}\sum_{i=1}^{n} X_i^2 - a\right| \geqslant \varepsilon\right\} = 0.$$

第 6 章 样本及抽样分布

前面五章我们讲述了概率论的基本内容,接下来将讲述数理统计.数理统计是具有广泛应用的一个数学分支,它以概率论为理论基础,根据试验或观察得到的数据,来研究随机现象,对研究对象的客观规律性做出合理的估计和判断.

数理统计的内容包括:如何收集、整理数据资料;如何对所得的数据资料进行分析、研究,从而对所研究的对象的性质、特点做出推断.后者就是我们所说的统计推断问题.本书只讲述统计推断的基本内容.

在概率论中,我们所研究的随机变量,它的分布都是假设已知的,在这一前提下去研究它的性质、特点和规律性,例如求出它的数据特征;讨论随机变量函数的分布,介绍常用的各种分布等.在数理统计中,我们研究的随机变量,它的分布是未知的,或者是不完全知道的,人们是通过对所研究的随机变量进行重复独立的观察,得到许多观察值,对这些数据进行分析,从而对所研究的随机变量的分布做出推断.

6.1 样 本

我们知道,随机试验的结果很多是可以用数值来表示的,另有一些试验的结果虽是定性的,但总可以将它数量化.例如,检验某个学校学生的血型这一试验,其可能结果有 O 型、A 型、B 型、AB 型 4 种,是定性的.如果分别以 1、2、3、4 依次标记这 4 种血型,那么试验的结果就能用数来表示了.

6.1.1 总 体

在数理统计中,我们往往研究有关对象的某一项数量指标(例如研究某种型号灯泡的寿命这一数量指标).为此,考虑与这一数量指标相联系的随机试验,对这一数量指标进行观察.我们将试验的全部可能的观察值称为**总体**,这些值不一定都不相同,数目上也不一定是有限的,每一个可能的观察值称为**个体**.总体中所包含的个体的个数称为总体的**容量**.容量为有限的称为**有限总体**,容量为无限的称为**无限总体**.总体也称为母体,通常记为 X.

例如在考察某大学一年级男生的身高这一试验中,若一年级男生共 2 000 人,每个男生的身高是一个可能观察值,所形成的总体中共含 2 000 个可能观察值,是一个有限总体.又如考察某一湖泊中某种鱼的含汞量,所得总体也是有限总体.观察并记录某一地点每天(包括以往、现在和将来)的最高气温,或者测量一湖泊任一地点的深度,所得总体是无限总体.有些有限总体,它的容量很大,我们可以认为它是一个无限总体.例如,考察全国正在使用的某种型号灯泡的寿命所形成的总体,由于可能观察值的个数很多,就可以认为是无限总体.

总体中的每一个个体是随机试验的一个观察值,因此它是某一随机变量 X 的值,这样,一个总体对应于一个随机变量 X.我们对总体的研究就是对一个随机变量 X 的研究,X 的分布函数和数字特征就称为总体的分布函数和数字特征.今后将不区分总体与相应的随机变量,统称为总体 X.

例如,我们检验生产线生产的零件是次品还是正品,以 0 表示产品为正品,以 1 表示产品为次品.设出现次品的概率为 p(常数),那么总体是由一些"1"和一些"0"所组成,这一总体对应于一个具有参数为 p 的(0-1)分布:

$$P\{X=x\}=p^x(1-p)^{1-x} \quad (x=0,1)$$

的随机变量.我们就将它说成是(0-1)分布总体.意指总体中的观察值是(0-1)分布随机变量的值.又如上述灯泡寿命这一总体是指数分布总体,意指总体中的观察值是指数分布随机变量的值.

6.1.2　样　本

在实际中,总体分布一般是未知的,或只知道它具有某种形式而其中包含未知参数.在数理统计中,人们都是通过从总体中抽取一部分个体,根据获得的数据来对总体分布做出推断的.被抽出的部分个体叫作总体的一个样本.样本也称为子样.

所谓从总体抽取一个个体,就是对总体 X 进行一次观察并记录其结果.我们在相同的条件下对总体 X 进行 n 次重复的、独立的观察.将 n 次观察结果按试验的次序记为 $X_1,X_2,\cdots,X_n$.由于 $X_1,X_2,\cdots,X_n$ 是对随机变量 X 观察的结果,且各次观察是在相同的条件下独立进行的,所以有理由认为 $X_1,X_2,\cdots,X_n$ 是相互独立的,且都是与 X 具有相同分布的随机变量.这样得到的 $X_1,X_2,\cdots,X_n$ 称为来自总体 X 的一个**简单随机样本**,n 称为这个样本的容量.以后如无特别说明,所提到的样本都是指简单随机样本.

当 n 次观察一经完成,我们就得到一组实数 $x_1,x_2,\cdots,x_n$,它们依次是随机变量 $X_1,X_2,\cdots,X_n$ 的观察值,称为样本值.

对于有限总体,采用有放回抽样就能得到简单随机样本,但放回抽样使用起来不方便,当个体的总数 N 比要得到的样本的容量 n 大得多时,在实际中可将不放回抽样近似地当作有放回抽样来处理.

至于无限总体,因抽取一个个体不影响它的分布,所以总是用不放回抽样.例如,在生产过程中,每隔一定时间抽取一个个体,抽取 n 个就得到一个简单随机样本.

综上所述,我们给出以下的定义:

定义 设 X 是具有分布函数 F 的随机变量,若 $X_1,X_2,\cdots,X_n$ 是具有同一分布函数 F 的、相互独立的随机变量,则称 $X_1,X_2,\cdots,X_n$ 为从分布函数 F(或总体 F、或总体 X)得到**容量为 n 的简单随机样本**,简称**样本**,它们的观察值 $x_1,x_2,\cdots,x_n$ 称为**样本值**,又称为 X 的 n 个独立的观察值.

通常称 $X_1,X_2,\cdots,X_n$ 是总体 X 的一个样本.

也可以将样本看成是一个随机变量,写成 $(X_1,X_2,\cdots,X_n)$,此时样本值相应地写成 $(x_1,x_2,\cdots,x_n)$.若 $(x_1,x_2,\cdots,x_n)$ 与 $(y_1,y_2,\cdots,y_n)$ 都是相应于样本 $(X_1,X_2,\cdots,X_n)$ 的样本值,一般来说它们是不相同的.

由定义得:若 $X_1,X_2,\cdots,X_n$ 为 F 的一个样本,则 $X_1,X_2,\cdots,X_n$ 相互独立,且它们的分布函数都是 F,所以 $(X_1,X_2,\cdots,X_n)$ 的分布函数为

$$F^*(x_1,x_2,\cdots,x_n) = \prod_{i=1}^{n} F(x_i).$$

又若 X 具有概率密度 $f(x)$,则 $(X_1,X_2,\cdots,X_n)$ 的概率密度为

$$f^*(x_1,x_2,\cdots,x_n) = \prod_{i=1}^{n} f(x_i).$$

6.2 抽样分布

样本是进行统计推断的依据.在应用时,往往不是直接使用样本本身,而是针对不同的问题构造样本的适当函数,利用这些样本的函数进行统计推断.

6.2.1 统计量

1.定义

设 $X_1,X_2,\cdots,X_n$ 是来自总体 X 的一个样本,$g(X_1,X_2,\cdots,X_n)$ 是 $X_1,X_2,\cdots,X_n$ 的函数,若 g 中不含未知参数,则称 $g(X_1,X_2,\cdots,X_n)$ 是一个**统计量**.

因为 $X_1,X_2,\cdots,X_n$ 都是随机变量,而统计量 $g(X_1,X_2,\cdots,X_n)$ 是随机变量的函数,因此统计量是一个随机变量.设 $x_1,x_2,\cdots,x_n$ 是相应于样本 $X_1,X_2,\cdots,X_n$ 的样本值,则称 $g(x_1,x_2,\cdots,x_n)$ 是 $g(X_1,X_2,\cdots,X_n)$ 的观察值.

2.几个常用的统计量

设 $X_1,X_2,\cdots,X_n$ 是来自总体 X 的一个样本,$x_1,x_2,\cdots,x_n$ 是这一样本的观察值.定

义

样本平均值

$$\overline{X} = \frac{1}{n} \sum_{i=1}^{n} X_i;$$

样本方差

$$S^2 = \frac{1}{n-1} \sum_{i=1}^{n} (X_i - \overline{X})^2 = \frac{1}{n-1} \left(\sum_{i=1}^{n} X_i^2 - n\overline{X}^2 \right);$$

或

$$S_n^2 = \frac{1}{n} \sum_{i=1}^{n} (X_i - \overline{X})^2 = \frac{1}{n} \sum_{i=1}^{n} X_i^2 - \overline{X}^2.$$

显然 $S_n^2 = \dfrac{n-1}{n} S^2$，当 n 很大时，$S_n^2 \approx S^2$.

样本标准差

$$S = \sqrt{S^2} = \sqrt{\frac{1}{n-1} \sum_{i=1}^{n} (X_i - \overline{X})^2};$$

或

$$S_n = \sqrt{S_n^2} = \sqrt{\frac{1}{n} \sum_{i=1}^{n} (X_i - \overline{X})^2};$$

样本 k 阶（原点）矩

$$A_k = \frac{1}{n} \sum_{i=1}^{n} X_i^k, \quad k = 1, 2, \cdots;$$

样本 k 阶中心矩

$$B_k = \frac{1}{n} \sum_{i=1}^{n} (X_i - \overline{X})^k, \quad k = 2, 3, \cdots.$$

它们的观察值分别为

$$\overline{x} = \frac{1}{n} \sum_{i=1}^{n} x_i;$$

$$s^2 = \frac{1}{n-1} \sum_{i=1}^{n} (x_i - \overline{x})^2 = \frac{1}{n-1} \left(\sum_{i=1}^{n} x_i^2 - n\overline{x}^2 \right);$$

$$s = \sqrt{\frac{1}{n-1} \sum_{i=1}^{n} (x_i - \overline{x})^2};$$

$$a_k = \frac{1}{n} \sum_{i=1}^{n} x_i^k, \quad k = 1, 2, \cdots;$$

$$b_k = \frac{1}{n} \sum_{i=1}^{n} (x_i - \overline{x})^k, \quad k = 2, 3, \cdots.$$

这些观察值仍分别称为样本均值、样本方差、样本标准差、样本 k 阶（原点）矩及样本 k 阶中心矩. 显然样本均值是 1 阶原点矩，方差是 2 阶中心距.

我们指出，若总体 X 的 k 阶矩 $E(X^k) = \mu_k$ 存在，则当 $n \to \infty$ 时，$A_k \xrightarrow{P} \mu_k, k = 1, 2,$

…. 这是因为 $X_1,X_2,\cdots,X_n$ 独立且与 X 同分布,所以 $X_1^k,X_2^k,\cdots,X_n^k$ 独立且与 X^k 同分布. 故有

$$E(X_1^k)=E(X_2^k)=\cdots=E(X_n^k)=\mu_k.$$

从而由第五章的辛钦大数定理知

$$A_k=\frac{1}{n}\sum_{i=1}^{n}X_i^k \xrightarrow{P} \mu_k, \quad k=1,2,\cdots.$$

进而由第五章关于依概率收敛的序列的性质知道

$$g(A_1,A_2,\cdots,A_k) \xrightarrow{P} g(\mu_1,\mu_2,\cdots,\mu_k),$$

其中 g 为连续函数. 这就是下一章所要介绍的矩估计法的理论根据.

统计量的分布称为**抽样分布**. 在使用统计量进行统计推断时常需要知道它的分布. 当总体的分布函数已知时,抽样分布是确定的,然而要求统计量的精确分布,一般来说是困难的. 下面介绍来自正态总体的几个常用统计量的分布.

6.2.2　正态总体的常用抽样分布

首先介绍 Γ 函数的相关定义及常用性质,Γ 函数的定义为

$$\Gamma(s)=\int_0^{+\infty}\mathrm{e}^{-x}x^{s-1}\mathrm{d}x \quad (s>0)$$

其重要性质为:

(1)$\Gamma(s+1)=s\Gamma(s)$;

(2)$\Gamma(s)\Gamma(1-s)=\dfrac{\pi}{\sin(\pi s)}(0<s<1)$;

(3)$\Gamma(1)=1$;$\Gamma(n+1)=n!$;$\Gamma\left(\dfrac{1}{2}\right)=\sqrt{\pi}$.

1.χ^2分布

(1) 定义

设 $X_1,X_2,\cdots,X_n$ 是来自总体 $X\sim N(0,1)$ 的样本,则称统计量

$$\chi^2=X_1^2+X_2^2+\cdots+X_n^2 \tag{6-1}$$

是服从自由度为 n 的 χ^2**分布**,记为 $\chi^2\sim\chi^2(n)$.

此处,自由度是指式(6-1)右端包含的独立变量的个数.

$\chi^2(n)$ 分布的概率密度函数为

$$f(y)=\begin{cases}\dfrac{1}{2^{\frac{n}{2}}\Gamma\left(\dfrac{n}{2}\right)}y^{\frac{n}{2}-1}\mathrm{e}^{-\frac{y}{2}}, & y>0 \\ \\ 0, & \text{其他}\end{cases} \tag{6-2}$$

式(6-2)证明略,$f(y)$ 的曲线如图 6-1 所示.

(2) 性质

根据 Γ 分布的定义易得 χ^2 分布有如下性质：

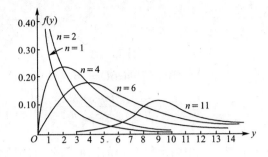

图 6-1 χ^2 分布的概率密度曲线

① χ^2 分布的可加性

设 $\chi_1^2 \sim \chi^2(n_1)$，$\chi_2^2 \sim \chi^2(n_2)$，并且 χ_1^2，χ_2^2 相互独立，则有

$$\chi_1^2 + \chi_2^2 \sim \chi^2(n_1 + n_2) \qquad (6\text{-}3)$$

② χ^2 分布的数学期望和方差

若 $\chi^2 \sim \chi^2(n)$，则有

$$E(\chi^2) = n, \quad D(\chi^2) = 2n \qquad (6\text{-}4)$$

事实上，因 $X_i \sim N(0,1)$，故

$$E(X_i^2) = D(X_i) = 1,$$

$$D(X_i^2) = E(X_i^4) - [E(X_i^2)]^2 = 3 - 1 = 2, \quad i = 1, 2, \cdots, n.$$

于是

$$E(\chi^2) = E\left(\sum_{i=1}^{n} X_i^2\right) = \sum_{i=1}^{n} E(X_i^2) = n,$$

$$D(\chi^2) = D\left(\sum_{i=1}^{n} X_i^2\right) = \sum_{i=1}^{n} D(X_i^2) = 2n.$$

(3) χ^2 分布的上侧分位数

对于给定的正数 $\alpha(0 < \alpha < 1)$，存在 $\chi_\alpha^2(n) \in \mathbf{R}$，使

$$P\{\chi^2 > \chi_\alpha^2(n)\} = \int_{\chi_\alpha^2(n)}^{+\infty} f(y)\mathrm{d}y = \alpha \qquad (6\text{-}5)$$

的 $\chi_\alpha^2(n)$ 就是 $\chi^2(n)$ 分布的上侧分位数，如图 6-2 所示。对于不同的 α，n，上侧分位数的值已制成表格，可以查用（参见附表 2）。例如对于 $\alpha = 0.1$，$n = 25$，查得 $\chi_{0.1}^2(25) = 34.382$。但该表只详列到 $n = 45$。费希尔曾证明，当 n 充分大时，近似地有

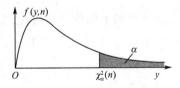

图 6-2 $\chi^2(n)$ 分布的上侧分位数

$$\chi_\alpha^2(n) \approx \frac{1}{2}(z_\alpha + \sqrt{2n-1})^2 \qquad (6\text{-}6)$$

其中 z_α 是标准正态分布的上侧分位数。

例如，由式(6-6)可得 $\chi_{0.05}^2(50) \approx \frac{1}{2}(1.645 + \sqrt{99})^2 = 67.221$。

2. t 分布

(1) 定义

设 $X \sim N(0,1)$，$Y \sim \chi^2(n)$，且 X，Y 相互独立，则称随机变量

$$t = \frac{X}{\sqrt{Y/n}} \qquad (6\text{-}7)$$

为服从自由度为 n 的 **t 分布**. 记为 $t \sim t(n)$.

t 分布又称**学生(Student)分布**. $t(n)$ 分布的概率密度函数为

$$h(t) = \frac{\Gamma[(n+1)/2]}{\sqrt{\pi n}\, \Gamma\left(\dfrac{n}{2}\right)} \left(1 + \frac{t^2}{n}\right)^{-(n+1)/2}, \quad -\infty < t < +\infty \qquad (6\text{-}8)$$

证略. 图 6-3 中画出了 $h(t)$ 的图形. $h(t)$ 的图形关于 $t=0$ 对称,当 n 充分大时,其图形类似于标准正态变量概率密度的图形.

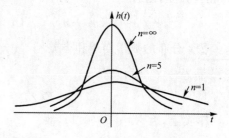

图 6-3 $t(n)$ 分布的概率密度曲线

(2)性质

事实上,利用 Γ 函数的性质可得

$$\lim_{n \to \infty} h(t) = \frac{1}{\sqrt{2\pi}} e^{-T^2/2} \qquad (6\text{-}9)$$

故当 n 足够大时,t 分布近似于 $N(0,1)$ 分布. 但对于较小的 n,t 分布与 $N(0,1)$ 分布相差较大(见附表 1 与附表 3).

(3)t 分布的上侧分位数

对于给定的 $\alpha(0 < \alpha < 1)$,存在 $t_\alpha(n)$,使得

$$P\{t > t_\alpha(n)\} = \int_{t_\alpha(n)}^{+\infty} h(t)\,\mathrm{d}t = \alpha \qquad (6\text{-}10)$$

的 $t_\alpha(n)$ 就是 $t(n)$ 分布的上侧分位数,如图 6-4 所示.

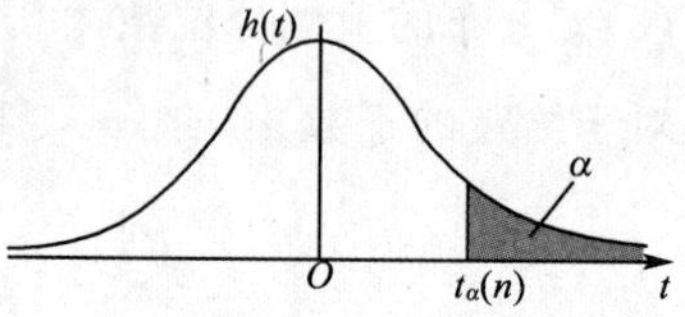

由 t 分布的上侧分位数的定义及 $h(t)$ 图形的对称性知

$$t_{1-\alpha}(n) = -t_\alpha(n) \qquad (6\text{-}11)$$

t 分布的上侧分位数可由附表 3 查得. 当 $n > 45$ 时,对于常用的 α 的值,就用正态近似

图 6-4 t 分布的上侧分位数

$$t_\alpha(n) \approx z_\alpha \qquad (6\text{-}12)$$

3. F 分布

(1)定义

设 $U \sim \chi^2(n_1)$,$V \sim \chi^2(n_2)$,且 U, V 相互独立,则称随机变量

$$F = \frac{U/n_1}{V/n_2} \qquad (6\text{-}13)$$

是服从自由度为 (n_1, n_2) 的分布,记为 $F \sim F(n_1, n_2)$.

$F(n_1, n_2)$ 分布的概率密度为

$$\psi(y) = \begin{cases} \Gamma[(n_1 + n_2)/2](n_1/n_2)^{n_1/2} y_n^{(n_1/2)-1} / \Gamma(n_1/2)\Gamma(n_2/2)[1+(n_1 y/n_2)]^{(n_1+n_2)/2}, & y > 0 \\ 0, & \text{其他} \end{cases}$$

$$(6\text{-}14)$$

（证略）.图 6-5 画出了 $\psi(y)$ 的曲线.

（2）性质

由定义可知,若 $F \sim F(n_1, n_2)$,则

$$\frac{1}{F} \sim F(n_2, n_1). \tag{6-15}$$

（3）F 分布的上侧分位数

对于给定的 $\alpha(0 < \alpha < 1)$,存在 $F_\alpha(n_1, n_2)$ 使得

$$P\{F > F_\alpha(n_1, n_2)\} = \int_{F_\alpha(n_1, n_2)}^{+\infty} \psi(y)\mathrm{d}y = \alpha$$

$$\tag{6-16}$$

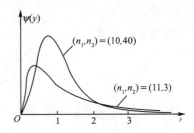

图 6-5 F 分布的概率密度曲线

的 $F_\alpha(n_1, n_2)$ 就是 $F(n_1, n_2)$ 分布的上侧分位数,如图 6-6 所示.F 分布的上侧分位数可由附表 4 查得.

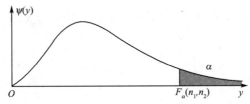

图 6-6 F 分布的上侧分位数

F 分布的上侧分位数有如下重要性质:

$$F_{1-\alpha}(n_1, n_2) = \frac{1}{F_\alpha(n_2, n_1)} \tag{6-17}$$

式（6-17）常用来求 F 分布表中未列出的常用的上 α 分位数.例如,

$$F_{0.95}(12, 9) = \frac{1}{F_{0.05}(9, 12)} = \frac{1}{2.80} = 0.357.$$

4. 正态总体的样本均值与样本方差的分布

设总体 X（不管服从什么分布,只要均值和方差存在）的均值为 μ,方差为 σ^2,$X_1, X_2, \cdots, X_n$ 是来自 X 的一个样本,$\overline{X}$、S^2 分别是样本均值和样本方差,则有

$$E(\overline{X}) = \mu \quad D(\overline{X}) = \sigma^2/n. \tag{6-18}$$

而

$$E(S^2) = E\left[\frac{1}{n-1}\left(\sum_{i=1}^{n} X_i^2 - n\overline{X}^2\right)\right] = \frac{1}{n-1}\left[\sum_{i=1}^{n} E(X_i^2) - nE(\overline{X}^2)\right]$$

$$= \frac{1}{n-1}\left[\sum_{i=1}^{n}(\sigma^2 + \mu^2) - n(\sigma^2/n + \mu^2)\right] = \sigma^2,$$

即

$$E(S^2) = \sigma^2 \tag{6-19}$$

进而,设 $X \sim N(\mu, \sigma^2)$,由正态分布的性质知 $\overline{X} = \frac{1}{n}\sum_{i=1}^{n} X_i$ 也服从正态分布,于是得

到以下定理：

定理 1 设 $X_1, X_2, \cdots, X_n$ 是来自正态总体 $N(\mu, \sigma^2)$ 的样本，$\overline{X}$ 是样本均值，则有

$1°$ $\overline{X} \sim N(\mu, \sigma^2/n)$，即 $\dfrac{\overline{X} - \mu}{\sigma/\sqrt{n}} \sim N(0, 1)$；

$2°$ $\displaystyle\sum_{i=1}^{n} \left(\dfrac{X_i - \mu}{\sigma} \right)^2 \sim \chi^2(n)$.

对于正态总体 $N(\mu, \sigma^2)$ 的样本均值 $\overline{X}$ 和样本方差 S^2，有以下两个重要定理.

定理 2 设 $X_1, X_2, \cdots, X_n$ 是来自总体 $N(\mu, \sigma^2)$ 的样本，$\overline{X}$、S^2 分别是样本均值和样本方差，则有

$1°$ $\dfrac{(n-1)S^2}{\sigma^2} \sim \chi^2(n-1)$ $\hspace{2cm}$ (6-20)

$2°$ $\overline{X}$ 与 S^2 相互独立.

定理 3 设 $X_1, X_2, \cdots, X_n$ 是来自总体 $N(\mu, \sigma^2)$ 的样本，$\overline{X}$、S^2 分别是样本均值和样本方差，则有

$$\frac{\overline{X} - \mu}{S/\sqrt{n}} \sim t(n-1).$$ $\hspace{2cm}$ (6-21)

证明 由定理 1、定理 2 有

$$\frac{\overline{X} - \mu}{\sigma/\sqrt{n}} \sim N(0, 1), \qquad \frac{(n-1)S^2}{\sigma^2} \sim \chi^2(n-1),$$

且两者独立. 由 t 分布的定义知

$$\frac{\overline{X} - \mu}{\sigma/\sqrt{n}} \bigg/ \sqrt{\frac{(n-1)S^2}{\sigma^2(n-1)}} \sim t(n-1).$$

化简上式左边，即得式(6-21)

定理 4 设 $X_1, X_2, \cdots, X_{n_1}$ 与 $Y_1, Y_2, \cdots, Y_{n_2}$ 分别来自正态总体 $X \sim N(\mu_1, \sigma_1^2)$ 和 $Y \sim N(\mu_2, \sigma_2^2)$ 的样本，且这两个样本相互独立. 设 $\overline{X} = \dfrac{1}{n_1}\displaystyle\sum_{i=1}^{n_1} X_i, \overline{Y} = \dfrac{1}{n_2}\displaystyle\sum_{i=1}^{n_2} Y_i$ 是这两个样本的样本均值；$S_1^2 = \dfrac{1}{n_1-1}\displaystyle\sum_{i=1}^{n_1}(X_i - \overline{X})^2, S_2^2 = \dfrac{1}{n_2-1}\displaystyle\sum_{i=1}^{n_2}(Y_i - \overline{Y})^2$ 分别是这两个样本的样本方差，则有

$1°$ $\dfrac{S_1^2/S_2^2}{\sigma_1^2/\sigma_2^2} \sim F(n_1-1, n_2-1)$；

$2°$ 当 $\sigma_1^2 = \sigma_2^2 = \sigma^2$ 时，

$$\frac{(\overline{X} - \overline{Y}) - (\mu_1 - \mu_2)}{S_w \sqrt{\dfrac{1}{n_1} + \dfrac{1}{n_2}}} \sim t(n_1 + n_2 - 2)$$

其中

$$S_w^2 = \frac{(n_1-1)S_1^2+(n_2-1)S_2^2}{n_1+n_2-2}, \quad S_w = \sqrt{S_w^2}.$$

课堂练习

1. 设随机变量 $X \sim N(0,1)$，$Y \sim (0,2^2)$ 相互独立，设 $Z = X^2 + \frac{1}{C}Y^2$，则当 $C=$ _____时，$Z \sim \chi^2(2)$.

2. 设 X_1,X_2,X_3,X_4 为来自总体 $X \sim N(0,1)$ 的样本，$Y = (X_1+X_2)^2 + (X_3+X_4)^2$，则当 $C=$ _____时，$CY \sim \chi^2(2)$.

3. 设随机变量 $X \sim N(\mu,2^2)$，$Y \sim \chi^2(n)$，$T = \frac{X-\mu}{2\sqrt{Y}}\sqrt{n}$，则 T 服从自由度为 _____的 t 分布.

4. 设 $x_1,x_2,\cdots,x_{100}$ 为来自总体 $X \sim N(0,4^2)$ 的一个样本，以 $\bar{x}$ 表示样本均值，则 $\bar{x} \sim$（　　）.

A. $N(0,16)$ 　　　　B. $N(0,0.16)$ 　　　C. $N(0,0.04)$ 　　　D. $N(0,1.6)$

习题六

A 组

一、选择题

1. 设随机变量 $X \sim \chi^2(2)$，$Y \sim \chi^2(3)$，且 x,y 相互独立，则 $\frac{3X}{2Y}$ 服从的分布为（　　）.

A. $F(2,2)$ 　　　　B. $F(2,3)$ 　　　　C. $F(3,2)$ 　　　　D. $F(3,3)$

2. 设随机变量 X 和 Y 都服从标准正态分布，则（　　）.

A. $X+Y$ 服从正态分布　　　　　　　B. X^2+Y^2 服从 χ^2 分布

C. X^2 和 Y^2 服从 χ^2 分布　　　　D. X^2/Y^2 服从 F 分布

3. 设总体 X 的分布律为 $P\{X=1\}=p$，$P\{X=0\}=1-p$，其中 $0<p<1$. 设 $X_1,X_2,\cdots,X_n$ 为来自总体的样本，则样本均值的标准差为（　　）.

A. $\sqrt{\frac{p(1-p)}{n}}$ 　　　B. $\frac{p(1-p)}{n}$ 　　　C. $\sqrt{np(1-p)}$ 　　　D. $np(1-p)$

4. 记 $F_{1-\alpha}(m,n)$ 为自由度 m 与 n 的 F 分布的 $1-\alpha$ 分位数，则有（　　）.

A. $F_\alpha(n,m) = \frac{1}{F_{1-\alpha}(m,n)}$ 　　　　　　B. $F_{1-\alpha}(n,m) = \frac{1}{F_{1-\alpha}(m,n)}$

C. $F_\alpha(n,m) = \dfrac{1}{F_\alpha(m,n)}$ D. $F_\alpha(n,m) = \dfrac{1}{F_{1-\alpha}(n,m)}$

5. 设 $X_1, X_2, \cdots, X_{100}$ 为来自总体 $X \sim N(0,4^2)$ 的一个样本,以 $\overline{X}$ 表示样本均值,则 $\overline{X} \sim$( ).

A. $N(0,16)$ B. $N(0,0.16)$ C. $N(0,0.04)$ D. $N(0,1.6)$

6. 设 $X_1, X_2, \cdots, X_5$ 是来自正态总体 $N(\mu, \sigma^2)$ 的样本,其样本均值和样本方差分别为 $\overline{X} = \dfrac{1}{5}\sum\limits_{i=1}^{5} X_i$ 和 $S^2 = \dfrac{1}{4}\sum\limits_{i=1}^{5}(X_i - \overline{X})$,则 $\dfrac{\sqrt{5}(\overline{X} - \mu)}{S}$ 服从( ).

A. $t(4)$ B. $t(5)$ C. $\chi^2(4)$ D. $\chi^2(5)$

7. 设 X_1, X_2, X_3, X_4 为来自总体 X 的样本,$D(X) = \sigma^2$,则样本均值 $\overline{X}$ 的方差 $D(\overline{X}) =$( ).

A. σ^2 B. $\dfrac{1}{2}\sigma^2$ C. $\dfrac{1}{3}\sigma^2$ D. $\dfrac{1}{4}\sigma^2$

二、填空题

1. (1) 查表求得 $\chi^2_{0.99}(12) = $ _____,$\chi^2_{0.01}(12) = $ _____.

(2) 查表求得 $t_{0.99}(12) = $ _____,$t_{0.01}(12) = $ _____.

2. 设 $T \sim t(10)$,$P\{T > a\} = 0.95$,则常数 $a = $ _____.

3. 设 $X_1, X_2 \cdots, X_n$ 是来自总体 $N(\mu, \sigma^2)$ 的样本,则 $\sum\limits_{i=1}^{n}\left(\dfrac{X_i - \mu}{\sigma}\right)^2 \sim$ _____(标出参数).

4. 设随机变量 $F \sim F(n_1, n_2)$,则 $\dfrac{1}{F} \sim$ _____.

5. 设总体 $X \sim N(\mu, \sigma^2)$,$X_1, \cdots, X_{20}$ 为来自总体 X 的样本,则 $\sum\limits_{i=1}^{20}\dfrac{(X_i - \mu)^2}{\sigma^2}$ 服从参数为 _____ 的 χ^2 分布.

6. 设 X_1, X_2, X_3, X_4 为来自总体 $X \sim N(0,1)$ 的样本,设 $Y = (X_1 + X_2)^2 + (X_3 + X_4)^2$,则当 $C = $ _____ 时,$CY \sim \chi^2(2)$.

7. 设随机变量 $X \sim N(\mu, 2^2)$,$Y \sim \chi^2(n)$,$T = \dfrac{X - \mu}{2\sqrt{Y}}\sqrt{n}$,则 T 服从自由度为 _____ 的 t 分布.

8. 设随机变量 $X \sim N(0,1)$,$Y \sim (0,2^2)$ 相互独立,设 $Z = X^2 + \dfrac{Y^2}{C}$,则当 $C = $ _____ 时,$Z \sim \chi^2(2)$.

9. 设总体 $X \sim N(1,4)$,$X_1, X_2, \cdots, X_{10}$ 为来自该总体的样本,$\overline{X} = \dfrac{1}{10}\sum\limits_{i=1}^{10} X_i$,则 $D(\overline{X}) = $ _____.

10. 设总体 $X \sim N(0,1)$，$X_1, X_2, \cdots, X_5$ 为来自该总体的样本，则 $\sum\limits_{i=1}^{5} X_i^2$ 服从自由度为_____的 χ^2 分布.

11. 设 $X_1, X_2, \cdots, X_n$ 为来自总体 X 的样本，且 $X \sim N(0,1)$，则统计量 $\sum\limits_{i=1}^{n} X_i^2 \sim$ _____.

12. 设 $x_1, x_2, \cdots, x_n$ 为样本观测值，经计算知 $\sum\limits_{i=1}^{n} x_i^2 = 100$，$n\overline{x}^2 = 64$，则 $\sum\limits_{i=1}^{n} (x_i - \overline{x}) = $ _____.

B 组

1. 在总体 $N(52, 6.3^2)$ 中随机抽取一容量为 36 的样本，求样本均值 $\overline{X}$ 落在 50.8 到 53.8 之间的概率.

2. 在总体 $N(12,4)$ 中随机抽取一容量为 5 的样本 $X_1, X_2, \cdots, X_5$. 求样本均值与总体均值之差的绝对值大于 1 的概率.

3. 设总体 $X \sim \chi^2(n)$，$X_1, X_2, \cdots, X_{10}$ 是来自 X 的样本，求 $E(\overline{X})$、$D(\overline{X})$、$E(S^2)$.

4. 设总体 $X \sim b(1,p)$，$X_1, X_2, \cdots, X_n$ 是来自 X 的样本.

(1) 求 $(X_1, X_2, \cdots, X_n)$ 的分布律.

(2) 求 $E(\overline{X})$、$D(\overline{X})$、$E(S^2)$.

5. (1) 设样本 $X_1, X_2, \cdots, X_6$ 来自总体 $N(0,1)$，$Y = (X_1 + X_2 + X_3)^2 + (X_4 + X_5 + X_6)^2$，试确定常数 C 使 CY 服从 χ^2 分布.

(2) 设样本 $X_1, X_2, \cdots, X_5$ 来自总体 $N(0,1)$，$Y = \dfrac{C(X_1 + X_2)}{(X_3^2 + X_4^2 + X_5^2)^{1/2}}$，试确定常数 C 使 Y 服从 t 分布.

6. 设 $X_1, X_2, \cdots, X_{10}$ 是来自正态总体 $X \sim N(0, 2^2)$ 的简单随机样本，求常数 a、b、c、d 使

$$Q = aX_1^2 + b(X_2 + X_3)^2 + c(X_4 + X_5 + X_6)^2 + d(X_7 + X_8 + X_9 + X_{10})^2$$

服从 χ^2 分布，并求其自由度.

7. 已知总体 X 的数学期望 $E(X) = \mu$，方差 $D(X) = \sigma^2$，$X_1, X_2, \cdots, X_{2n}$ 是来自总体 X 容量为 $2n$ 的简单随机样本，样本均值为 $\overline{X}$，统计量 $Y = \sum\limits_{i=1}^{n} (X_i + X_{n+i} - 2\overline{X})^2$，求 $E(Y)$.

参数估计

第 7 章 ——————————————————————

上一章介绍的抽样和抽样分布为接下来讨论统计推断打下了必要的理论基础. 何谓**统计推断**? 就是利用资料提供的信息,得出尽可能精确和可靠的结论. 严格地说,就是从总体中抽取一个样本获得信息后,对总体做出推断. 统计推断的基本问题可以分为两大类,一类是**估计问题**,另一类是**假设检验问题**. 在估计问题中,若总体分布的形式是已知的或者假定的,只是一些参数的取值或范围未知,需要估计未知参数的取值范围或某些数字特征,这种估计为**参数估计**;若总体分布为未知,需要利用样本信息对总体分布形态等进行推断,我们称之为**非参数估计**. 这里,我们只讨论前者,即参数估计.

7.1 点估计

总体 X 的分布函数的形式已知,在分布函数中有一个或多个未知参数,借助其样本来估计总体的分布函数中所含未知参数的值. 这类问题称为参数的**点估计问题**. 例如我们要考察某城市拥有空调的家庭所占的比例,抽查了 1 000 个家庭,然后估计出这个比例值为 0.528,这个值就是"比例"这个未知数的点估计.

设总体 X 的分布函数 $F(x;\theta)$ 的形式为已知,θ 是总体 X 的待估参数. $X_1,X_2,\cdots,X_n$ 是 X 的一个样本,$x_1,x_2,\cdots,x_n$ 是相应的一个样本值. **点估计问题**就是用样本 $X_1,X_2,\cdots,X_n$ 的一个统计量 $\hat{\theta}(X_1,X_2,\cdots,X_n)$ 来估计 θ,称 $\hat{\theta}(X_1,X_2,\cdots,X_n)$ 为未知参数 θ 的**估计量**. 对应于样本观察值 $x_1,x_2,\cdots,x_n$,称 $\hat{\theta}(x_1,x_2,\cdots,x_n)$ 为 θ 的**估计值**. 在不致混淆的情况下统称估计量和估计值为**估计**,并都简记为 $\hat{\theta}$.

对于点估计问题,关键是找一个合适的统计量,所谓合适是指既有合理性,又有计算上的方便性. 由于估计量是样本的函数,因此对于不同的样本值,θ 的估计值一般是不相同的.

下面介绍两种常用的构造估计量的方法:矩估计法和最大似然估计法.

7.1.1　矩估计法

样本取自总体,根据大数定律,样本矩在一定程度上反映了总体矩的特征,因而用样本矩来估计与之相应的总体矩.

设 X 为连续型随机变量,其概率密度为 $f(x;\theta_1,\theta_2,\cdots,\theta_k)$,或 X 为离散型随机变量,其分布律为 $P\{X=x\}=p(x;\theta_1,\theta_2,\cdots,\theta_k)$,其中 $\theta_1,\theta_2,\cdots,\theta_k$ 为待估参数,$X_1,X_2,\cdots,X_n$ 是来自 X 的样本.假设总体 X 的前 k 阶矩

$$\mu_l = E(X^l) = \int_{-\infty}^{+\infty} x^l f(x;\theta_1,\theta_2,\cdots,\theta_k)\mathrm{d}x \quad （X \text{ 为连续型}）$$

或

$$\mu_l = E(X^l) = \sum_{x \in R_X} x^l p(x;\theta_1,\theta_2,\cdots,\theta_k) \quad （X \text{ 为离散型}）$$

$$l = 1,2,\cdots,k$$

(其中 R_X 是 X 的可能取值的范围)存在.一般来说,它们是 $\theta_1,\theta_2,\cdots,\theta_k$ 的函数.基于样本矩

$$A_l = \frac{1}{n}\sum_{i=1}^{n} X_i^l$$

依概率收敛于相应的总体矩 $\mu_l(l=1,2,\cdots,k)$,样本矩的连续函数依概率收敛于相应的总体矩的连续函数,我们就用样本矩作为相应的总体矩的估计量,而以样本矩的连续函数作为相应的总体矩的连续函数的估计量.这种估计方法称为**矩估计法**.

矩估计法的具体做法如下:设

$$\begin{cases} \mu_1 = \mu_1(\theta_1,\theta_2,\cdots,\theta_k) = A_1, \\ \mu_2 = \mu_2(\theta_1,\theta_2,\cdots,\theta_k) = A_2, \\ \qquad\qquad\qquad \vdots \\ \mu_k = \mu_k(\theta_1,\theta_2,\cdots,\theta_k) = A_k. \end{cases}$$

这是一个包含 k 个未知参数 $\theta_1,\theta_2,\cdots,\theta_k$ 的联立方程组.一般来说,可以从中解出 $\theta_1,\theta_2,\cdots,\theta_k$,得到

$$\hat{\theta}_i = \theta_i(A_1,A_2,\cdots,A_k), \quad i=1,2,\cdots,k$$

将其分别作为 $\theta_i(i=1,2,\cdots,k)$ 的估计量,这种估计量称为**矩估计量**.矩估计量的观察值称为**矩估计值**.

【例 7-1】 设总体 X 服从参数为 λ 的指数分布,λ 未知.求 λ 的矩估计量.

解 $\qquad \mu_1 = E(X) = \dfrac{1}{\lambda}, A_1 = \dfrac{1}{n}\sum_{i=1}^{n} X_i = \overline{X}$

$\mu_1 = A_1$,得 $\dfrac{1}{\lambda} = \overline{X}$.于是,$\lambda$ 的矩估计量为:

$$\hat{\lambda} = \frac{1}{\overline{X}}.$$

【例 7-2】 设总体 X 在 (a,b) 上服从均匀分布, $a < b$, a、b 未知. 求 a、b 的矩估计量.

解
$$\mu_1 = E(X) = \frac{(a+b)}{2}, \quad A_1 = \frac{1}{n}\sum_{i=1}^{n} X_i = \overline{X}$$

$$\mu_2 = E(X^2) = D(X) + [E(X)]^2 = \frac{(b-a)^2}{12} + \frac{(a+b)^2}{4},$$

$$A_2 = \frac{1}{n}\sum_{i=1}^{n} X_i^2 = \frac{1}{n}\sum_{i=1}^{n} X_i^2 - \overline{X}^2 + \overline{X}^2 = \frac{1}{n}\sum_{i=1}^{n}(X_i - \overline{X})^2 + \overline{X}^2 = S_n^2 + \overline{X}^2$$

（注意： $\frac{1}{n}\sum_{i=1}^{n} X_i^2 - \overline{X}^2 = \frac{1}{n}\sum_{i=1}^{n}(X_i - \overline{X})^2$ ）.

由

$$\begin{cases} \mu_1 = A_1 \\ \mu_2 = A_2 \end{cases},$$

得

$$\begin{cases} \dfrac{(a+b)}{2} = \overline{X} \\ \dfrac{(b-a)^2}{12} + \dfrac{(a+b)^2}{4} = S_n^2 + \overline{X}^2 \end{cases}$$

解这一方程组得

$$\hat{a} = \overline{X} - \sqrt{3S_n^2} = \overline{X} - \sqrt{3}\,S_n = \overline{X} - \sqrt{\frac{3(n-1)}{n}S^2},$$

$$\hat{b} = \overline{X} + \sqrt{3S_n^2} = \overline{X} + \sqrt{3}\,S_n = \overline{X} + \sqrt{\frac{3(n-1)}{n}S^2}.$$

【例 7-3】 设 $X_1, X_2, \cdots, X_n$ 是来自总体 X 的一个样本, 并且总体 X 的均值 μ 及方差 σ^2 都存在, 且 $\sigma^2 > 0$, 但 μ, σ^2 均为未知, 试求总体数学期望 $\mu = E(X)$ 和方差 $\sigma^2 = D(X)$ 的矩估计量.

解
$$\mu_1 = E(X) = \mu, \quad A_1 = \overline{X}$$

$$\mu_2 = E(X^2) = D(X) + [E(X)]^2 = \sigma^2 + \mu^2, \quad A_2 = S_n^2 + \overline{X}^2.$$

由

$$\begin{cases} \mu_1 = A_1 \\ \mu_2 = A_2 \end{cases},$$

得

$$\begin{cases} \mu = \overline{X} \\ \sigma^2 + \mu^2 = S_n^2 + \overline{X}^2 \end{cases}$$

于是解得 $\hat{\mu} = \overline{X}, \hat{\sigma}^2 = S_n^2 = \dfrac{n-1}{n}S^2.$

此例表明,总体均值与方差的矩估计量的表达式不因不同的总体分布而异.因此,矩估计在总体分布未知场合也可以使用,但也由于这点,矩估计并没有充分利用总体分布函数对参数所提供的信息.

7.1.2　最大似然估计法

在随机试验中,许多事件都有可能发生,概率大的事件发生的可能性也大.若在某一次试验中,某事件 A 发生了,则有理由认为事件 A 比其他事件发生的概率大.也就是说,当我们从总体 X 中随机抽取一个样本 $X_1,X_2,\cdots,X_n$,则 $X_1=x_1,X_2=x_2,\cdots,X_n=x_n$ 这几个随机事件已经发生,故其概率已达到最大值 $p(X_1=x_1,X_2=x_2,\cdots,X_n=x_n)=1$,而在样本 $X_1,X_2,\cdots,X_n$ 中都带有总体的未知参数 θ,现在我们要反过来求 θ,使得 $p(X_1=x_1,X_2=x_2,\cdots,X_n=x_n)$ 达到最大.这就是所谓的极大似然原理,极大(最大)似然估计法就是根据这一原理得到的一种参数估计方法.

若总体 X 属于离散型随机变量,其分布律 $P\{X=x\}=p(x;\theta),\theta\in\Theta$ 的形式为已知,θ 为待估参数,Θ 为 θ 的可能取值范围.设 $X_1,X_2,\cdots,X_n$ 是来自 X 的样本,则 $X_1,X_2,\cdots,X_n$ 的联合分布律为

$$\prod_{i=1}^{n}p(x_i;\theta).$$

又设 $x_1,x_2,\cdots,x_n$ 是相应于样本 $X_1,X_2,\cdots,X_n$ 的一个样本值.易知样本 $X_1,X_2,\cdots,X_n$ 取到观察值 $x_1,x_2,\cdots,x_n$ 的概率,亦即事件 $\{X_1=x_1,X_2=x_2,\cdots,X_n=x_n\}$ 发生的概率为

$$L(\theta)=L(x_1,x_2,\cdots,x_n;\theta)=\prod_{i=1}^{n}p(x_i;\theta),\theta\in\Theta \tag{7-1}$$

这一概率与 θ 的取值有关,它是 θ 的函数,我们把 $L(\theta)$ 称为样本的**似然函数**(注意,这里 $x_1,x_2,\cdots,x_n$ 是已知的样本值,它们都是常数).

关于最大似然估计法,有以下直观想法:现在已经取到样本值 $x_1,x_2,\cdots,x_n$ 了,这表明取到这一样本值的概率 $L(\theta)$ 比较大.我们当然不会考虑那些不能使样本 $x_1,x_2,\cdots,x_n$ 出现的 $\theta\in\Theta$ 作为 θ 的估计,再者,如果已知当 $\theta=\theta_0\in\Theta$ 时使 $L(\theta)$ 取很大值,而 Θ 中的其他 θ 的值使 $L(\theta)$ 取很小值,我们自然认为取 θ_0 作为未知参数 θ 的估计值较为合理.最大似然估计法,就是固定样本观察值 $x_1,x_2,\cdots,x_n$,在 θ 取值的可能范围 Θ 内寻找使似然函数 $L(x_1,x_2,\cdots,x_n;\theta)$ 达到最大的参数值 $\hat{\theta}$ 作为参数 θ 的估计值.即取 $\hat{\theta}$ 使

$$L(x_1,x_2,\cdots,x_n;\hat{\theta})=\max_{\theta\in\Theta}\ L(x_1,x_2,\cdots,x_n;\theta) \tag{7-2}$$

这样得到的 $\hat{\theta}$ 与样本值 $x_1,x_2,\cdots,x_n$ 有关,常记为 $\hat{\theta}(x_1,x_2,\cdots,x_n)$,称为参数 θ 的**最大似然估计值**,而相应的统计量 $\hat{\theta}(X_1,X_2,\cdots,X_n)$ 称为参数 θ 的**最大似然估计量**.

若总体 X 属于连续型随机变量,其概率密度为 $f(x;\theta),\theta\in\Theta$ 的形式为已知,θ 为待估参数,Θ 为 θ 的可能取值范围.设 $X_1,X_2,\cdots,X_n$ 是来自 X 的样本,则 $X_1,X_2,\cdots,X_n$ 的联合密度为

$$\prod_{i=1}^{n} f(x_i;\theta).$$

设 $x_1,x_2,\cdots,x_n$ 是对应于样本 $X_1,X_2,\cdots,X_n$ 的一个样本值,则随机点 $(X_1,X_2,\cdots,X_n)$ 落在点 $(x_1,x_2,\cdots,x_n)$ 的领域(边长分别为 $\mathrm{d}x_1,\mathrm{d}x_2,\cdots,\mathrm{d}x_n$ 的 n 维立方体)内的概率近似地表示为

$$\prod_{i=1}^{n} f(x_i;\theta)\mathrm{d}x_i \tag{7-3}$$

其值随 θ 的取值而变化.与离散型的情况一样,我们取 θ 的估计值 $\hat{\theta}$ 使上式(7-3)取到最大值,而因子 $\prod_{i=1}^{n}\mathrm{d}x_i$ 不随 θ 而变,故只需考虑函数

$$L(\theta) = L(x_1,x_2,\cdots,x_n;\theta) = \prod_{i=1}^{n} f(x_i;\theta) \tag{7-4}$$

的最大值.这里 $L(\theta)$ 称为样本的**似然函数**.若

$$L(x_1,x_2,\cdots,x_n;\hat{\theta}) = \max_{\theta\in\Theta} L(x_1,x_2,\cdots,x_n;\theta),$$

则称 $\hat{\theta}(x_1,x_2,\cdots,x_n)$ 为 θ 的**最大似然估计值**,称 $\hat{\theta}(X_1,X_2,\cdots,X_n)$ 为 θ 的**最大似然估计量**.

这样,确定最大似然估计量的问题就归结为微分学中的求最大值的问题了.

在很多情形下,$p(x;\theta)$ 和 $f(x;\theta)$ 关于 θ 可微,这时 $\hat{\theta}$ 可由方程

$$\frac{\mathrm{d}}{\mathrm{d}\theta} L(\theta) = 0 \tag{7-5}$$

解得.又因 $L(\theta)$ 与 $\ln L(\theta)$ 在同一 θ 处取得极值,因此,θ 的最大似然估计 θ 也可由方程

$$\frac{\mathrm{d}}{\mathrm{d}\theta} \ln L(\theta) = 0 \tag{7-6}$$

解得,而从后一方程求解往往比较方便.式(7-6)称为**对数似然方程**.

【例 7-4】 设 $X\sim B(1,p)$,$X_1,X_2,\cdots,X_n$ 是来自 X 的一个样本,试求参数 p 的最大似然估计量.

解 设 $x_1,x_2,\cdots,x_n$ 是相应于样本 $X_1,X_2,\cdots,X_n$ 的一个样本值.X 的分布律为

$$P\{X=x\} = p^x(1-p)^{1-x} (x=0,1).$$

故似然函数为

$$L(p) = \prod_{i=1}^{n} p^{x_i}(1-p)^{1-x_i} = p^{\sum_{i=1}^{n}x_i}(1-p)^{n-\sum_{i=1}^{n}x_i},$$

而

$$\ln L(p) = \left(\sum_{i=1}^{n}x_i\right)\ln p + \left(n-\sum_{i=1}^{n}x_i\right)\ln(1-p),$$

令

$$\frac{\mathrm{d}}{\mathrm{d}p}\ln L(p) = \frac{\sum_{i=1}^{n}x_i}{p} - \frac{n-\sum_{i=1}^{n}x_i}{1-p} = 0,$$

解得 p 的最大似然估计值

$$\hat{p} = \frac{1}{n}\sum_{i=1}^{n} x_i = \overline{x},$$

p 的最大似然估计量为

$$\hat{p} = \frac{1}{n}\sum_{i=1}^{n} X_i = \overline{X}.$$

最大似然估计法也适用于分布中含多个未知参数 $\theta_1,\theta_2,\cdots,\theta_k$ 的情况. 这时, 似然函数 L 是这些未知参数的函数. 分别令

$$\frac{\partial}{\partial \theta_i} L = 0, i = 1, 2, \cdots, k$$

或令

$$\frac{\partial}{\partial \theta_i} \ln L = 0, i = 1, 2, \cdots, k \tag{7-7}$$

解上述由 k 个方程组成的方程组, 即可得到各未知参数 $\theta_i(i=1,2,\cdots,k)$ 的最大似然估计值 $\hat{\theta}_i$. 式(7-7)称为**对数似然方程组**.

【例 7-5】 设 $x_1,x_2,\cdots,x_n$ 是来自总体 $N(\mu,\sigma^2)$ 的样本取值, 其中 μ,σ^2 是未知参数, 求 μ,σ^2 的最大似然估计.

解 似然函数为

$$L(\mu,\sigma^2) = \frac{1}{(\sqrt{2\pi\sigma^2})^n} \exp\left\{-\frac{1}{2\sigma^2}\sum_{i=1}^{n}(x_i-\mu)^2\right\}$$

$$\ln L(\mu,\sigma^2) = -\frac{n}{2}\ln(2\pi) - \frac{n}{2}\ln\sigma^2 - \frac{1}{2\sigma^2}\sum_{i=1}^{n}(x_i-\mu)^2$$

似然方程组为

$$\begin{cases} \dfrac{\partial}{\partial \mu}\ln L = \dfrac{1}{\sigma^2}\sum_{i=1}^{n}(x_i-\mu) = 0 \\[3mm] \dfrac{\partial}{\partial \sigma^2}\ln L = -\dfrac{n}{2\sigma^2} + \dfrac{1}{2\sigma^4}\sum_{i=1}^{n}(x_i-\mu)^2 = 0 \end{cases}$$

解方程组, 得 μ,σ^2 的最大似然估计值为

$$\begin{cases} \hat{\mu} = \dfrac{1}{n}\sum_{i=1}^{n} x_i = \overline{x} \\[3mm] \hat{\sigma^2} = \dfrac{1}{n}\sum_{i=1}^{n}(x_i-\overline{x})^2 = s_n^2 = \dfrac{n-1}{n}s^2 \end{cases}$$

μ,σ^2 的最大似然估计量分别为

$$\hat{\mu} = \overline{X}, \quad \hat{\sigma^2} = S_n^2 = \frac{n-1}{n}S^2.$$

它们与相应的矩估计量相同.

【例 7-6】 设 X 在 (a,b) 上服从均匀分布, a、b 未知, $x_1,x_2,\cdots,x_n$ 是一个样本值, 试求 a、b 的最大似然估计.

解 X 的密度函数为

$$f(x;a,b)=\begin{cases}\dfrac{1}{b-a}, & a<x<b\\ 0, & \text{其他}\end{cases}$$

似然函数为

$$L(a,b)=\begin{cases}\dfrac{1}{(b-a)^n}, & a<x_1,x_2,\cdots,x_n<b\\ 0, & \text{其他}\end{cases}$$

显然 $L(a,b)$ 的最大值应该在 $a<x_1,x_2,\cdots,x_n<b$ 时取得. 而 $a<x_1,x_2,\cdots,x_n<b$ 等价于 $a<\min\{x_1,\cdots,x_n\}\leqslant\max\{x_1,\cdots,x_n\}<b$. 似然函数可写成

$$L(a,b)=\begin{cases}\dfrac{1}{(b-a)^n}, & a<\min\{x_1,\cdots,x_n\},b>\max\{x_1,\cdots,x_n\}\\ 0, & \text{其他}\end{cases}$$

于是对于满足条件 $a<\min\{x_1,\cdots,x_n\},b>\max\{x_1,\cdots,x_n\}$ 的任意 a,b 有

$$L(a,b)=\frac{1}{(b-a)^n}<\frac{1}{(\max\{x_1,\cdots,x_n\}-\min\{x_1,\cdots,x_n\})^n}$$

即 $L(a,b)$ 在 $a=\min\{x_1,\cdots,x_n\},b=\max\{x_1,\cdots,x_n\}$ 时取到最大值. 故 a,b 的最大似然估计值为

$$\hat{a}=\min\{x_1,\cdots,x_n\},\quad \hat{b}=\max\{x_1,\cdots,x_n\}$$

a,b 的最大似然估计量为

$$\hat{a}=\min\{X_1,\cdots,X_n\},\quad \hat{b}=\max\{X_1,\cdots,X_n\}.$$

统计估计除了上面介绍的矩估计法和最大似然估计法外,还有贝叶斯法、顺序统计法等,后者在社会经济领域中应用的很多,但比较而言,本节介绍的这两种方法更为常用,也更为基本.

课堂练习

1.设 $X_1,X_2,\cdots,X_n$ 为总体 X 的一个样本,其中 X 服从参数为 $\lambda(\lambda>0)$ 的泊松分布,λ 未知,设得到一组样本观察值如下:

X	0	1	2	3	4
频数	17	20	10	2	1

试求 λ 的矩估计值和最大似然估计值.

2.设总体 X 的密度函数为 $f(x)=\begin{cases}\theta x^{\theta-1}, & 0<x<1,\\ 0, & \text{其他}\end{cases}$ $(\theta>0)$. 求 θ 的矩估计和最大

似然估计.

3.设某电子元件的寿命服从参数为 λ 的指数分布,测得 n 个元件的失效时间为 x_1, $x_2,\cdots,x_n$,试求 λ 的最大似然估计.

7.2　估计量的评选标准

从前一节可以看到,对于同一参数,用不同的估计方法求出的估计量可能不相同(如上节例 7-2 与例 7-6),而且,很明显,原则上任何统计量都可以作为未知参数的估计量.但是,采用哪一个估计量更好呢? 这就涉及用什么样的标准来评价估计量的问题.下面介绍几个常用的标准.

7.2.1　无偏性

设 $X_1,X_2,\cdots,X_n$ 是总体 X 的一个样本,$\theta\in\Theta$ 是包含于总体 X 的分布中的待估参数,这里 Θ 为 θ 的取值范围.

无偏性　若估计量 $\hat{\theta}=\hat{\theta}(X_1,X_2,\cdots,X_n)$ 的数学期望 $E(\hat{\theta})$ 存在,且对于任意的 $\theta\in\Theta$ 有

$$E(\hat{\theta})=\theta \tag{7-8}$$

则称 $\hat{\theta}$ 为 θ 的**无偏估计量**.

估计量的无偏性说明对于某些样本值,由这一估计量得到的估计值相对于真值来说有些偏大,有些则偏小.反复将这一估计量使用多次,就平均来说其偏差为零.在科学技术中 $E(\hat{\theta})-\theta$ 称为以 $\hat{\theta}$ 作为 θ 的估计的系统误差.无偏估计的实际意义就是无系统误差.

例如,设总体的均值为 μ,方差为 $\sigma^2>0$,均未知,由第六章内容我们知道

$$E(\overline{X})=\mu,E(S^2)=\sigma^2.$$

这就是说无论总体服从什么分布,样本均值 $\overline{X}$ 是总体均值 μ 的无偏估计;样本方差 $S^2=\dfrac{1}{n-1}\sum_{i=1}^{n}(X_i-\overline{X})^2$ 是总体方差的无偏估计.而估计量 $S_n^2=\dfrac{1}{n}\sum_{i=1}^{n}(X_i-\overline{X})^2$ 却不是 σ^2 的无偏估计,因此我们一般取 S^2 作为 σ^2 的估计量.

【例 7-7】　设 $X_1,X_2,\cdots,X_n$ 是来自总体 X 的样本,作为总体均值的估计有

$$T_1=\overline{X}=\frac{1}{n}\sum_{i=1}^{n}X_i,T_2=X_1,T_3=\sum_{i=1}^{n}a_iX_i$$

其中 $a_i>0(i=1,2,\cdots,n)$,且 $\sum_{i=1}^{n}a_i=1$.试证明 T_1、T_2、T_3 都是无偏估计.

证明　$X_1,X_2,\cdots,X_n$ 独立,同服从总体分布,故有

$$E(X_i)=E(X),\quad i=1,2,\cdots,n$$

由数学期望的性质知

$$E(T_1) = \frac{1}{n}\sum_{i=1}^{n}E(X_i) = E(X)$$

$$E(T_2) = E(X_1) = E(X)$$

$$E(T_3) = \sum_{i=1}^{n}a_iE(X_i) = E(X)\left(\sum_{i=1}^{n}a_i\right) = E(X).$$

由此可见,一个未知参数可以有不同的无偏估计量.事实上,在本例中 T_1、T_2、T_3 都可以作为总体均值的无偏估计.

7.2.2　有效性

满足无偏性的估计不止一个,如例 7-7.现在我们来比较参数 θ 的两个无偏估计量 $\hat{\theta}_1$ 与 $\hat{\theta}_2$,如果在样本容量 n 相同的情况下,$\hat{\theta}_1$ 的观察值较 $\hat{\theta}_2$ 更密集地分布在真值 θ 的附近,我们就认为 $\hat{\theta}_1$ 较 $\hat{\theta}_2$ 理想.由于方差是随机变量取值与其数学期望(此时数学期望 $E(\hat{\theta}_1) = E(\hat{\theta}_2) = \theta$)的偏离程度的度量,所以无偏估计以方差小者为好.这就引出了估计量的有效性这一概念.

有效性　设 $\hat{\theta}_1 = \hat{\theta}_1(X_1, X_2, \cdots, X_n)$ 与 $\hat{\theta}_2 = \hat{\theta}_2(X_1, X_2, \cdots, X_n)$ 都是 θ 的无偏估计量,若对于任意 $\theta \in \Theta$ 有

$$D(\hat{\theta}_1) \leqslant D(\hat{\theta}_2)$$

且至少对于某一个 $\theta \in \Theta$,式中的不等号成立,则称 $\hat{\theta}_1$ 较 $\hat{\theta}_2$ 有效.

【例 7-8】　(续例 7-7)设总体的方差 $D(X)$ 存在.试问 T_1、T_2、T_3 哪个更有效?

解　由

$$D(T_1) = \frac{1}{n}D(X)$$

$$D(T_2) = D(X)$$

$$D(T_3) = D(X)\left(\sum_{i=1}^{n}a_i^2\right)$$

注意 $\sum_{i=1}^{n}a_i^2 \geqslant \frac{1}{n}$,所以 $T_1 = \overline{X}$ 是三个估计量中最有效的.

7.2.3　相合性

前面讲的无偏性与有效性都是对无偏估计而言,且都是在样本容量 n 固定的前提下提出的.我们希望随着样本容量的增大,一个估计量的值稳定于待估参数的真值.这样,对于估计量又有下述相合性的要求.

相合性　设 $\hat{\theta}(X_1, X_2, \cdots, X_n)$ 为参数 θ 的估计量,若对于任意 $\theta \in \Theta$,当 $n \to +\infty$ 时,$\hat{\theta}(X_1, X_2, \cdots, X_n)$ 依概率收敛于 θ,则称 $\hat{\theta}$ 为 θ 的**相合估计量**.

即,若对于任意 $\theta \in \Theta$ 都满足:对于任意 $\varepsilon > 0$,有

$$\lim_{n \to +\infty} P\{|\hat{\theta} - \theta| < \varepsilon\} = 1,$$

则称 $\hat{\theta}$ 为 θ 的相合估计量.

由大数定理可知,样本矩是总体矩的相合估计量. 由最大似然估计法得到的估计量,在一定条件下也具有相合性. 相合性问题属于大样本问题,本书从略.

相合性是对于一个估计量的基本要求,若估计量不具有相合性,那么不论将样本容量取多么大,都不能将 θ 估计得足够准确,这样的估计量是不可取的.

无偏性、有效性、相合性是常用的评价估计量的准则.

课堂练习

1.设 X_1, X_2, X_3 为总体 $X \sim N(\mu, \sigma^2)$ 的样本,证明

$$\hat{\mu}_1 = \frac{1}{6} X_1 + \frac{1}{3} X_2 + \frac{1}{2} X_3$$

$$\hat{\mu}_2 = \frac{2}{5} X_1 + \frac{1}{5} X_2 + \frac{2}{5} X_3$$

都是总体均值 μ 的无偏估计,并进一步判断哪一个估计有效.

2.设从均值为 μ,方差为 $\sigma^2 > 0$ 的总体中,分别抽取容量为 n_1, n_2 的两独立样本. $\overline{X}_1$ 和 $\overline{X}_2$ 分别是两样本的均值.试证明对于任意常数 a、$b(a+b=1)$,$Y = a\overline{X}_1 + b\overline{X}_2$ 都是 μ 的无偏估计.

7.3 区间估计

点估计是用一个数值去估计未知参数,但并没有给出近似值的精确程度.为了弥补这种不足,统计学家又提出了参数的另一种估计形式:区间估计.如估计某人的身高在 1.70~1.72 m,估计某项费用在 1 000~1 200 元,等等.区间估计考虑了估计中可能出现的误差,并将误差以醒目的形式标记出来,给人以更大的可信感.点估计和区间估计互为补充、各有各的用途,下面先给出有关概念.

置信区间 设总体 X 的分布函数 $F(x; \theta)$ 含有未知参数 $\theta, \theta \in \Theta, \Theta$ 为 θ 的取值范围,对于给定值 $\alpha(0 < \alpha < 1)$,若由来自 X 的样本 $X_1, X_2, \cdots, X_n$ 确定的两个统计量 $\underline{\theta} = \underline{\theta}(X_1, X_2, \cdots, X_n)$ 和 $\overline{\theta} = \overline{\theta}(X_1, X_2, \cdots, X_n)(\underline{\theta} < \overline{\theta})$,对于任意的 $\theta \in \Theta$ 满足

$$P\{\underline{\theta}(X_1, X_2, \cdots, X_n) < \theta < \overline{\theta}(X_1, X_2, \cdots, X_n)\} \geqslant 1 - \alpha \qquad (7\text{-}9)$$

则称随机区间 $(\underline{\theta}, \overline{\theta})$ 是 θ 的置信水平为 $1 - \alpha$ 的**置信区间**,$\underline{\theta}$ 和 $\overline{\theta}$ 分别称为置信水平为 $1 - \alpha$ 的双侧置信区间的**置信下限**和**置信上限**,$1 - \alpha$ 称为**置信水平**或**置信度**.

当 X 为连续型随机变量时,对于给定的 α,我们总是按要求 $P\{\underline{\theta}<\theta<\overline{\theta}\}=1-\alpha$ 求出置信区间.当 X 为离散型随机变量时,对于给定的 α,常常找不到区间 $(\underline{\theta},\overline{\theta})$ 使得 $P\{\underline{\theta}<\theta<\overline{\theta}\}$ 恰为 $1-\alpha$.此时我们找区间 $(\underline{\theta},\overline{\theta})$ 使得 $P\{\underline{\theta}<\theta<\overline{\theta}\}$ 至少为 $1-\alpha$,并且尽可能地接近 $1-\alpha$.

式(7-9)的含义如下:若反复抽样多次(各次得到的样本的容量相等,都是 n),每个样本值确定一个区间 $(\underline{\theta},\overline{\theta})$,每个这样的区间要么包含 θ 的真值,要么不包含 θ 的真值.按伯努利大数定律,在这么多的区间中,包含 θ 真值的约占 $100(1-\alpha)\%$,不包含 θ 真值的仅占 $100\alpha\%$.例如,若 $\alpha=0.01$,反复抽样 1 000 次,则得到 1 000 个区间中不包含 θ 真值的大约仅为 10 个.

【例 7-9】 设总体 $X\sim N(\mu,\sigma^2)$,σ^2 为已知,μ 为未知,设 $X_1,X_2,\cdots,X_n$ 是来自 X 的样本,求 μ 的置信水平为 $1-\alpha$ 的置信区间.

解 我们知道样本均值 $\overline{X}$ 是总体均值 μ 的无偏估计,$\overline{X}$ 的取值主要集中于 μ 附近,显然以很大的概率包含 μ 的区间也应包含 $\overline{X}$,基于这种想法,我们从 $\overline{X}$ 出发,来构造 μ 的置信区间,由第 6 章定理 1,知

$$Z=\frac{\overline{X}-\mu}{\sigma/\sqrt{n}}\sim N(0,1),$$

按标准正态分布的上侧分位数的定义,其标准正态分布双侧置信区间如图7-1所示.由

$$P\{\,|Z|<z_{\frac{\alpha}{2}}\}=1-\alpha,$$

可得

$$P\left\{\left|\frac{\overline{X}-\mu}{\sigma/\sqrt{n}}\right|<z_{\frac{\alpha}{2}}\right\}=1-\alpha,$$

即

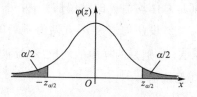

图 7-1 标准正态分布双侧置信区间

$$P\left\{\overline{X}-\frac{\sigma}{\sqrt{n}}z_{\frac{\alpha}{2}}<\mu<\overline{X}+\frac{\sigma}{\sqrt{n}}z_{\frac{\alpha}{2}}\right\}=1-\alpha.$$

这样,我们就得到了 μ 的置信水平为 $1-\alpha$ 的置信区间

$$\left(\overline{X}-\frac{\sigma}{\sqrt{n}}z_{\frac{\alpha}{2}},\overline{X}+\frac{\sigma}{\sqrt{n}}z_{\frac{\alpha}{2}}\right) \tag{7-10}$$

由此,我们可以给出求未知参数 θ 的具体做法:

(1)从 θ 的无偏估计量 $\hat{\theta}(X_1,X_2,\cdots,X_n)$ 出发,构造一个样本 $X_1,X_2,\cdots,X_n$ 和 θ 的函数 $G(X_1,X_2,\cdots,X_n;\theta)$,使得 G 的分布是已知的,且不依赖于任何未知参数.

(2)对给定的置信水平 $1-\alpha$,选定两个常数 a 与 b,使得对一切 θ,有

$$P\{a<G(X_1,X_2,\cdots,X_n;\theta)<b\}=1-\alpha.$$

(3)利用不等式运算,将不等式 $a<G(X_1,X_2,\cdots,X_n;\theta)<b$ 进行等价变换,得到关于 θ 的形如 $\underline{\theta}<\theta<\overline{\theta}$ 的不等式,其中 $\underline{\theta}=\underline{\theta}(X_1,X_2,\cdots,X_n)$,$\overline{\theta}=\overline{\theta}(X_1,X_2,\cdots,X_n)$ 都是统计量.

则 $(\underline{\theta}, \overline{\theta})$ 即为 θ 的置信水平为 $1-\alpha$ 的置信区间.

需要注意的是,满足同一置信水平的置信区间可能有很多个. 如例 7-9 中,置信水平为 $95\%(\alpha=0.05)$ 的置信区间为

$$\left(\overline{X}-1.96\frac{\sigma}{\sqrt{n}}, \overline{X}+1.96\frac{\sigma}{\sqrt{n}}\right) \tag{7-11}$$

(查表得 $z_{\frac{\alpha}{2}}=z_{0.025}=1.96$).

事实上,对于任意给定的 $\alpha_1, \alpha_2 (0<\alpha_2<\alpha_1<1)$ 只要 $\alpha_1+\alpha_2=\alpha=5\%$,记相应的 α_1 和 α_2 的上侧分位数为 z_{α_1} 和 z_{α_2},则所确定的区间 $\left(\overline{X}-\frac{\sigma}{\sqrt{n}}z_{\alpha_2}, \overline{X}+\frac{\sigma}{\sqrt{n}}z_{\alpha_1}\right)$ 都是 μ 的置信水平为 95% 的置信区间,例如,取 $\alpha_2=0.02, \alpha_1=0.03$,查表得置信区间为

$$\left(\overline{X}-2.06\frac{\sigma}{\sqrt{n}}, \overline{X}+1.88\frac{\sigma}{\sqrt{n}}\right) \tag{7-12}$$

那么,在众多区间中,我们应该使用哪一个呢? 注意到置信水平相同的置信区间的长度往往是不同的,例如,式(7-11)区间的长度为 $2\times1.96\frac{\sigma}{\sqrt{n}}=3.92\frac{\sigma}{\sqrt{n}}$,式(7-12)区间的长度为 $(1.88+2.06)\frac{\sigma}{\sqrt{n}}=3.94\frac{\sigma}{\sqrt{n}}$,由于区间越长,估计值分散的可能性越大,所以区间长度是估计精度的反映. 为此,我们在置信水平一定的前提下,选取区间长度最短的一个. 一般说来,若分布是对称的、单峰的,那么关于峰点对称的置信区间的长度最短,所以对于例 7-9,区间为式(7-11)是长度最短的.

7.4 正态总体均值与方差的区间估计

由于服从正态分布的总体广泛存在,而且很多统计量的极限分布是正态分布,下面专门介绍正态总体 $N(\mu, \sigma^2)$ 中的参数 μ 和 σ^2 的区间估计.

7.4.1 单个总体的情况

设已给定置信水平为 $1-\alpha$,并设 $X_1, X_2, \cdots, X_n$ 是总体 $N(\mu, \sigma^2)$ 的样本. $\overline{X}$、S^2 分别是样本均值和样本方差.

1. 均值 μ 的置信区间

(1) σ^2 为已知时, μ 的置信区间

从例 7-9 的求解中,构造函数 $Z=\dfrac{\overline{X}-\mu}{\sigma/\sqrt{n}}$,已得到 μ 的置信水平为 $1-\alpha$ 的置信区间为

$$\left(\overline{X}-\frac{\sigma}{\sqrt{n}}z_{\frac{\alpha}{2}}, \overline{X}+\frac{\sigma}{\sqrt{n}}z_{\frac{\alpha}{2}}\right) \tag{7-13}$$

（2）σ^2 为未知时，μ 的置信区间

当 σ^2 未知时，此时不能使用式（7-13）给出的区间，因其中含有未知参数 σ，考虑到 S^2 是 σ^2 的无偏估计，将枢轴变量 $\dfrac{\overline{X}-\mu}{\sigma/\sqrt{n}}$ 中的 σ 换成 $S=\sqrt{S^2}$，取 $T=\dfrac{\overline{X}-\mu}{S/\sqrt{n}}$，由第 6 章的定理 3，知

$$T=\frac{\overline{X}-\mu}{S/\sqrt{n}}\sim t(n-1) \qquad (7\text{-}14)$$

且右边的分布 $t(n-1)$ 不依赖于任何未知参数．t 分布的双侧置信区间如图 7-2 所示．由

$$P\{|T|<t_{\alpha/2}(n-1)\}=1-\alpha$$

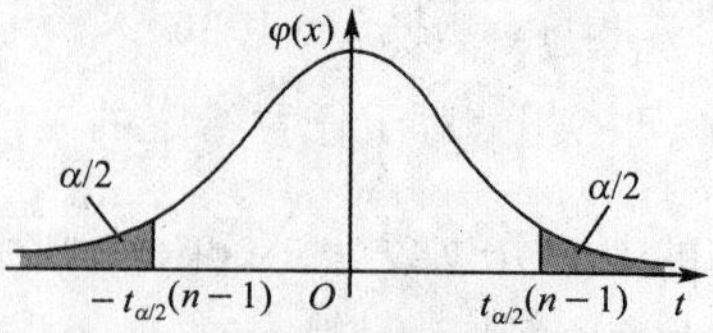

可得

图 7-2 t 分布的双侧置信区间

$$P\left\{-t_{\alpha/2}(n-1)<\frac{\overline{X}-\mu}{S/\sqrt{n}}<t_{\alpha/2}(n-1)\right\}=1-\alpha \qquad (7\text{-}15)$$

即

$$P\left\{\overline{X}-\frac{S}{\sqrt{n}}t_{\alpha/2}(n-1)<\mu<\overline{X}+\frac{S}{\sqrt{n}}t_{\alpha/2}(n-1)\right\}=1-\alpha.$$

于是得 μ 的置信水平为 $1-\alpha$ 的置信区间为

$$\left(\overline{X}-\frac{S}{\sqrt{n}}t_{\alpha/2}(n-1),\ \overline{X}+\frac{S}{\sqrt{n}}t_{\alpha/2}(n-1)\right) \qquad (7\text{-}16)$$

【例 7-10】 假设某地区放射性 γ 射线的辐射量服从正态分布 $N(\mu,7.3^2)$，现取一容量为 49 的样本，其样本均值 $\overline{x}=28.8$，求 μ 的置信水平为 0.99（$\alpha=0.01$）的置信区间．

解 这里 $n=49,\sigma=7.3,\alpha=0.01$．查 $N(0,1)$ 分布表得 0.005 的上侧分位数

$$z_{0.005}=2.575,$$

于是

$$\overline{x}-z_{\frac{\alpha}{2}}\frac{\sigma}{\sqrt{n}}=28.8-2.575\times\frac{7.3}{\sqrt{49}}\approx 26.115,$$

$$\overline{x}+z_{\frac{\alpha}{2}}\frac{\sigma}{\sqrt{n}}=28.8+2.575\times\frac{7.3}{\sqrt{49}}\approx 31.485,$$

由式（7-13）得 μ 的置信水平为 0.99 的置信区间为（26.115,31.485）．其含义是该区间属于那些包含 μ 的区间的可信程度为 99%，或该区间包含 μ 这一陈述的可信度为 99%．

【例 7-11】 有一大批糖果．现从中随机地取 16 袋．称得质量（以 g 计）如下：

506,508,499,503,504,510,497,512,514,505,493,496,506,502,509,496

设每袋糖果的质量近似地服从正态分布，试求总体均值 μ 的置信水平为 0.95 的置信区间．

解 这里 $1-\alpha=0.95,\dfrac{\alpha}{2}=0.025,n-1=15,t_{0.025}(15)=2.131\,5$，由给出的数据算得

$\overline{x}=503.75,s=6.2022.$ 由式(7-16)得均值 μ 的置信水平为 0.95 的置信区间,即

$$\left(503.75-\frac{6.202\,2}{\sqrt{16}}\times2.131\,5,503.75+\frac{6.202\,2}{\sqrt{16}}\times2.131\,5\right)$$

即 $(500.4,507.1).$

这就是说估计每袋糖果质量的均值在 $500.4(\text{g})$ 与 $507.1(\text{g})$ 之间,这个估计的可信程度为 95%.若以此区间内任一值作为 μ 的近似值,其误差不大于 $\frac{6.202\,2}{\sqrt{16}}\times2.131\,5\times2\approx$

$6.61(\text{g})$,这个误差估计的可信程度为 95%.

在实际问题中,总体方差 σ^2 未知的情况居多,故这种情形的区间估计有更大的实用价值.

2. 方差 σ^2 的置信区间

此处,根据实际问题的需要,只介绍 μ 未知的情况.

注意到 σ^2 的无偏估计为 S^2,由第 6 章的定理 2 知

$$\frac{(n-1)S^2}{\sigma^2}\sim\chi^2(n-1) \tag{7-17}$$

且右端的分布不依赖于任何未知参数. 构造函数 $\chi^2=\frac{(n-1)S^2}{\sigma^2}$,$\chi^2$ 分布的双侧置信区间如图 7-3 所示,由

$$P\{\chi_{1-\alpha/2}^2(n-1)<\chi^2<\chi_{\alpha/2}^2(n-1)\}=1-\alpha$$

即得

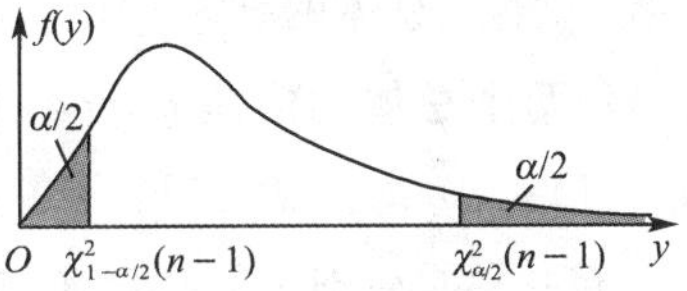

图 7-3　χ^2 分布的双侧置信区间

$$P\left\{\chi_{1-\alpha/2}^2(n-1)<\frac{(n-1)S^2}{\sigma^2}<\chi_{\alpha/2}^2(n-1)\right\}=1-\alpha,$$

即

$$P\left\{\frac{(n-1)S^2}{\chi_{\alpha/2}^2(n-1)}<\sigma^2<\frac{(n-1)S^2}{\chi_{1-\frac{\alpha}{2}}^2(n-1)}\right\}=1-\alpha \tag{7-18}$$

这就得到方差 σ^2 的置信水平为 $1-\alpha$ 的置信区间,即

$$\left(\frac{(n-1)S^2}{\chi_{\alpha/2}^2(n-1)},\frac{(n-1)S^2}{\chi_{1-\alpha/2}^2(n-1)}\right) \tag{7-19}$$

由式(7-18),还可得标准差 σ 的置信水平为 $1-\alpha$ 的置信区间

$$\left(\frac{\sqrt{(n-1)}\,S}{\sqrt{\chi_{\alpha/2}^2(n-1)}},\frac{\sqrt{(n-1)}\,S}{\sqrt{\chi_{1-\alpha/2}^2(n-1)}}\right) \tag{7-20}$$

注意,在密度函数不对称时,如 χ^2 分布和 F 分布,习惯上仍是取对称的分位数(如图 7-3 中的上侧分位数 $\chi_{1-\alpha/2}^2(n-1)$ 与 $\chi_{\alpha/2}^2(n-1)$)来确定置信区间的.

【例 7-12】 从某厂生产的滚珠中随机抽取 10 个,测得滚珠的直径(单位:mm)如下:

14.6,　15.0,　14.7,　15.1,　14.9,　14.8,　15.0,　15.1,　15.2,　14.8,

若滚珠的直径服从正态分布 $N(\mu,\sigma^2)$ 且 μ 未知,求滚珠直径方差 σ^2 的置信水平为 95%

的置信区间.

解 计算样本方差 $S^2 = 0.037\ 3$,因为置信水平

$$1 - \alpha = 0.95, \alpha = 0.05,$$

自由度 $n - 1 = 9$,查 χ^2 分布表得

$$\chi^2_{0.975}(9) = 2.70, \quad \chi^2_{0.025}(9) = 19.023,$$

所以,由式(7-19)得所求置信区间为 $\left(\dfrac{9 \times 0.037\ 3}{19.023}, \dfrac{9 \times 0.037\ 3}{2.70} \right)$,即$(0.017\ 7, 0.124\ 3)$.

7.4.2 两个总体的情况

在实际生活中常遇到下面的问题:已知产品的某一质量指标服从正态分布,但由于原料、设备条件、操作人员不同,或工艺过程的改变等因素,引起总体均值、总体方差有所变化,我们需要知道这些变化有多大,这就需要考虑两个正态总体均值差或方差比的估计问题.

设已给定置信水平为 $1 - \alpha$,并设 $X_1, X_2, \cdots, X_{n_1}$ 是来自第一个总体 $N(\mu_1, \sigma_1^2)$ 的样本;$Y_1, Y_2, \cdots, Y_{n_2}$ 是来自第二个总体 $N(\mu_2, \sigma_2^2)$ 的样本,这两个样本相互独立.且 $\overline{X}, \overline{Y}$ 分别为第一、第二总体的样本均值,S_1^2, S_2^2 分别是第一、第二总体的样本方差.

1. 两个总体均值差 $\mu_1 - \mu_2$ 的置信区间

(1)σ_1^2, σ_2^2 均已知

由于 $\overline{X}, \overline{Y}$ 分别为 μ_1, μ_2 的无偏估计,故 $\overline{X} - \overline{Y}$ 是 $\mu_1 - \mu_2$ 的无偏估计.由 $\overline{X}, \overline{Y}$ 的独立性以及 $\overline{X} \sim N(\mu_1, \sigma_1^2/n_1), \overline{Y} \sim N(\mu_2, \sigma_2^2/n_2)$ 得

$$\overline{X} - \overline{Y} \sim N\left(\mu_1 - \mu_2, \frac{\sigma_1^2}{n_1} + \frac{\sigma_2^2}{n_2} \right)$$

或

$$\frac{(\overline{X} - \overline{Y}) - (\mu_1 - \mu_2)}{\sqrt{\dfrac{\sigma_1^2}{n_1} + \dfrac{\sigma_2^2}{n_2}}} \sim N(0, 1) \tag{7-21}$$

构造函数 $Z = \dfrac{(\overline{X} - \overline{Y}) - (\mu_1 - \mu_2)}{\sqrt{\dfrac{\sigma_1^2}{n_1} + \dfrac{\sigma_2^2}{n_2}}}$,即得 $\mu_1 - \mu_2$ 的置信水平为 $1 - \alpha$ 的置信区间

$$\left(\overline{X} - \overline{Y} - z_{\frac{\alpha}{2}} \sqrt{\frac{\sigma_1^2}{n_1} + \frac{\sigma_2^2}{n_2}}, \overline{X} - \overline{Y} + z_{\frac{\alpha}{2}} \sqrt{\frac{\sigma_1^2}{n_1} + \frac{\sigma_2^2}{n_2}} \right) \tag{7-22}$$

(2)$\sigma_1^2 = \sigma_2^2 = \sigma^2$,但 σ^2 为未知.

此时,由第6章的定理4知

$$T = \frac{(\overline{X} - \overline{Y}) - (\mu_1 - \mu_2)}{S_w \sqrt{\dfrac{1}{n_1} + \dfrac{1}{n_2}}} \sim t(n_1 + n_2 - 2) \tag{7-23}$$

取上式左边的函数为枢轴变量,即得 $\mu_1 - \mu_2$ 的置信水平为 $1 - \alpha$ 的置信区间

$$\left(\overline{X} - \overline{Y} - t_{a/2}(n_1 + n_2 - 2) S_w \sqrt{\frac{1}{n_1} + \frac{1}{n_2}}, \overline{X} - \overline{Y} + t_{a/2}(n_1 + n_2 - 2) S_w \sqrt{\frac{1}{n_1} + \frac{1}{n_2}} \right) \quad (7\text{-}24)$$

此处

$$S_w^2 = \frac{(n_1 - 1) S_1^2 + (n_2 - 1) S_2^2}{n_1 + n_2 - 2}, S_w = \sqrt{S_w^2} \quad (7\text{-}25)$$

【例 7-13】 已知 X,Y 两种类型的材料,现对其强度做对比试验,结果如下(单位:N/cm^2)

X 型:138,123,134,125;

Y 型:134,137,135,140,130,134.

X、Y 型材料的强度分别服从 $N(\mu_1, \sigma^2)$ 和 $N(\mu_2, \sigma^2)$ 分布.σ 为未知,求 $\mu_1 - \mu_2$ 的置信区间 $(\alpha = 0.05)$.

解 记 $n_1 = 4, n_2 = 6$.经计算知,

$$\overline{x} = 130, \overline{y} = 135, s_1^2 = 51.3, s_2^2 = 11.2, s_w^2 = 26.2375.$$

查自由度 $n_1 + n_2 - 2 = 8$ 的 t 分布表,得上 0.025 分位数 $t_{0.025}(8) = 2.306$.于是

$$\overline{x} - \overline{y} + t_{a/2}(n_1 + n_2 - 2) S_w \sqrt{\frac{1}{n_1} + \frac{1}{n_2}} \approx 2.62$$

$$\overline{x} - \overline{y} - t_{a/2}(n_1 + n_2 - 2) S_w \sqrt{\frac{1}{n_1} + \frac{1}{n_2}} \approx -12.62$$

即所求 $\mu_1 - \mu_2$ 的置信水平为 95% 的置信区间为 $(-12.62, 2.62)$.由于所得置信区间包含零,在实际中我们就认为这两种材料的强度没有显著差别.

2. 两个总体方差比 $\dfrac{\sigma_1^2}{\sigma_2^2}$ 的置信区间

我们仅讨论总体均值 μ_1, μ_2 均为未知的情况,由第 6 章的定理 4,知

$$F = \frac{S_1^2 / S_2^2}{\sigma_1^2 / \sigma_2^2} \sim F(n_1 - 1, n_2 - 1) \quad (7\text{-}26)$$

并且分布 $F(n_1 - 1, n_2 - 1)$ 不依赖任何未知参数.构造函数 $F = \dfrac{S_1^2 / S_2^2}{\sigma_1^2 / \sigma_2^2}$,如图 7-4 所示为 F 分布双侧置信区间,由

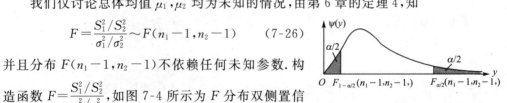

图 7-4 F 分布双侧置信区间

$$P\{F_{1-a/2}(n_1 - 1, n_2 - 1) < F < F_{a/2}(n_1 - 1, n_2 - 1)\} = 1 - \alpha$$

有

$$P\left\{F_{1-a/2}(n_1 - 1, n_2 - 1) < \frac{S_1^2 / S_2^2}{\sigma_1^2 / \sigma_2^2} < F_{a/2}(n_1 - 1, n_2 - 1)\right\} = 1 - \alpha \quad (7\text{-}27)$$

即

$$P\left\{\frac{S_1^2}{S_2^2} \frac{1}{F_{a/2}(n_1 - 1, n_2 - 1)} < \frac{\sigma_1^2}{\sigma_2^2} < \frac{S_1^2}{S_2^2} \frac{1}{F_{1-a/2}(n_1 - 1, n_2 - 1)}\right\} = 1 - \alpha.$$

于是得到 σ_1^2 / σ_2^2 的置信水平为 $1 - \alpha$ 的置信区间为

$$\left(\frac{S_1^2}{S_2^2}\frac{1}{F_{a/2}(n_1-1,n_2-1)},\frac{S_1^2}{S_2^2}\frac{1}{F_{1-a/2}(n_1-1,n_2-1)}\right). \qquad (7\text{-}28)$$

【**例 7-14**】 研究由机器 A 和机器 B 生产的钢管的内径,随机抽取机器 A 生产的管子 16 只,测得样本方差 $s_1^2=0.34$,抽取机器 B 生产的管子 13 只,测得样本方差 $s_2^2=0.29$. 设两样本相互独立,且设由机器 A 和机器 B 生产的钢管的内径分别服从正态分布 $N(\mu_1,\sigma_1^2)$ 和 $N(\mu_2,\sigma_2^2)$,这里 $\mu_i,\sigma_i^2(i=1,2)$ 均未知,试求方差比 σ_1^2/σ_2^2 的置信水平为 0.90 的置信区间(单位:mm).

解 由已知 $\qquad n_1=16,s_1^2=0.34,n_2=13,s_2^2=0.29,\alpha=0.10$

$$F_{1-a/2}(n_1-1,n_2-1)=F_{0.95}(15,12)=\frac{1}{F_{0.05}(12,15)}=\frac{1}{2.48}$$

$$F_{a/2}(n_1-1,n_2-1)=F_{0.05}(15,12)=2.62,$$

于是由式(7-27)得 σ_1^2/σ_2^2 的置信水平为 0.90 的置信区间为

$$\left(\frac{0.34}{0.29}\times\frac{1}{2.62},\frac{0.34}{0.29}\times2.48\right)$$

即 $(0.45,2.91)$.

由于 σ_1^2/σ_2^2 的置信区间包含 1,在实际中我们就认为 σ_1^2 与 σ_2^2 两者没有显著性差别.

课堂练习

1.设某种清漆的 9 个样品,其干燥所需时间(以 h 计)分别为

$$6.0,5.7,5.8,6.5,7.0,6.3,5.6,6.1,5.0$$

设干燥所需时间总体服从正态分布 $N(\mu,\sigma^2)$,求 μ 的置信水平为 0.95 的置信区间.

(1)若由以往经验知 $\sigma=0.6$;

(2)若 σ 为未知.

2.随机地取某种子弹 9 发做试验,测得子弹速度的样本标准差 $s=11$,设子弹速度服从正态分布 $N(\mu,\sigma^2)$,求这种子弹速度的标准差 σ 和方差 σ^2 的双侧 0.95 的置信区间(单位:m/s).

3.某厂生产一批金属材料,其抗弯强度服从正态分布,从这批金属材料中抽取 11 个测试件,测得它们的抗弯强度为(单位:N):

$$42.5,42.7,43.0,42.3,43.4,44.5,44.0,43.8,44.1,43.9,43.7$$

求:(1)平均抗弯强度 μ 的置信水平为 0.95 的置信区间;

(2)抗弯强度标准差 σ 的置信水平为 0.90 的置信区间.

7.5 单侧置信区间

在前面的讨论中,对于未知参数 θ,我们给出两个统计量 $\underline{\theta}$、$\overline{\theta}$,得到 θ 的双侧置信区间 $(\underline{\theta},\overline{\theta})$.但在某些实际问题中,只需要讨论单侧置信上限或者下限就可以了.例如,对于家用电器的使用寿命来说,当然希望使用寿命越长越好,我们关心的是一批家用电器的平均寿命 θ 的下限;与之相反,在考虑化学药品中杂志含量的均值 μ 时,我们常关心参数 μ 的上限.为此,就引出了单侧置信区间的概念.

对于给定值 $\alpha(0<\alpha<1)$,若由来自 X 的样本 $X_1,X_2,\cdots,X_n$ 确定的统计量 $\underline{\theta}=\underline{\theta}(X_1,X_2,\cdots,X_n)$,对于任意的 $\theta\in\Theta$ 满足

$$P\{\theta>\underline{\theta}\}\geqslant 1-\alpha \tag{7-29}$$

则称随机区间 $(\underline{\theta},+\infty)$ 是 θ 的置信水平为 $1-\alpha$ 的**单侧置信区间**,$\underline{\theta}$ 称为 θ 的置信水平为 $1-\alpha$ 的**单侧置信下限**.

若统计量 $\overline{\theta}=\overline{\theta}(X_1,X_2,\cdots,X_n)$,对于任意的 $\theta\in\Theta$ 满足

$$P\{\theta<\overline{\theta}\}\geqslant 1-\alpha \tag{7-30}$$

则称随机区间 $(-\infty,\overline{\theta})$ 是 θ 的置信水平为 $1-\alpha$ 的**单侧置信区间**,$\overline{\theta}$ 称为 θ 的置信水平为 $1-\alpha$ 的**单侧置信上限**.

例如,对于正态总体 X,若均值 μ,方差 σ^2 均为未知,设 $X_1,X_2,\cdots,X_n$ 是总体 X 的一个样本,由第 6 章定理 3,知

$$\frac{\overline{X}-\mu}{S/\sqrt{n}}\sim t(n-1),$$

有

$$P\left\{\frac{\overline{X}-\mu}{S/\sqrt{n}}<t_\alpha(n-1)\right\}=1-\alpha,$$

即

$$P\left\{\mu>\overline{X}-\frac{S}{\sqrt{n}}t_\alpha(n-1)\right\}=1-\alpha.$$

于是得到 μ 的一个置信水平为 $1-\alpha$ 的单侧置信区间

$$\left(\overline{X}-\frac{S}{\sqrt{n}}t_\alpha(n-1),+\infty\right) \tag{7-31}$$

μ 的一个置信水平为 $1-\alpha$ 的单侧置信下限为

$$\underline{\mu}=\overline{X}-\frac{S}{\sqrt{n}}t_\alpha(n-1) \tag{7-32}$$

又由第 6 章定理 2,知

$$\frac{(n-1)S^2}{\sigma^2} \sim \chi^2(n-1),$$

有

$$P\left\{\frac{(n-1)S^2}{\sigma^2} > \chi_{1-\alpha}^2(n-1)\right\} = 1-\alpha,$$

即

$$P\left\{\sigma^2 < \frac{(n-1)S^2}{\chi_{1-\alpha}^2(n-1)}\right\} = 1-\alpha.$$

于是得到 σ^2 的置信水平为 $1-\alpha$ 的单侧置信区间

$$\left(-\infty, \frac{(n-1)S^2}{\chi_{1-\alpha}^2(n-1)}\right) \tag{7-33}$$

σ^2 的置信水平为 $1-\alpha$ 的单侧置信上限为

$$\overline{\sigma}^2 = \frac{(n-1)S^2}{\chi_{1-\alpha}^2(n-1)} \tag{7-34}$$

【例 7-15】 从一批灯泡中随机地取 5 只做寿命测试,测得寿命(以 h 计)为

$$1\,050, 1\,100, 1\,120, 1\,250, 1\,280$$

设灯泡寿命 X 服从正态分布 $N(\mu, \sigma^2)$,其中 μ, σ^2 都是未知参数.求灯泡寿命平均值的置信水平为 0.95 的单侧置信下限.

解 由已知 $1-\alpha = 0.95, n = 5, t_\alpha(n-1) = t_{0.05}(4) = 2.131\,8, \overline{x} = 1\,160, s^2 = 9\,950$.
由式(7-32)得所求单侧置信下限为

$$\underline{\mu} = \overline{x} - \frac{s}{\sqrt{n}}t_\alpha(n-1) = 1\,065.$$

课堂练习

1.已知某炼铁厂的铁水含碳量(%)正常情况下服从正态分布 $N(\mu, \sigma^2)$,且标准差 $\sigma = 0.108$.现测量五炉铁水,其含碳量分别是:

$$4.28, \quad 4.40, \quad 4.42, \quad 4.35, \quad 4.37$$

试求未知参数 μ 的单侧置信水平为 0.95 的置信下限和置信上限.

2.设在一批电视机显像管中随机抽取 6 个,测试其使用寿命(单位:kh),得到样本观测值为

$$15.6, \quad 14.9, \quad 16.0, \quad 14.8, \quad 15.3, \quad 15.5.$$

设显像管使用寿命 X 服从正态分布 $N(\mu, \sigma^2)$,其中 μ, σ^2 都是未知参数,求:

(1)使用寿命均值 μ 的置信水平为 95% 的单侧置信下限;

(2)使用寿命方差 σ^2 的置信水平为 90% 的单侧置信上限.

习题七

A 组

一、填空题

1. 设总体 X 服从参数为 λ 的泊松分布,其中 λ 为未知参数. $X_1,X_2,\cdots,X_n$ 为来自该总体的一个样本,则参数 λ 的矩估计量为_____.

2. 设总体 $X\sim N(\mu,\sigma^2)$,X_1,X_2,X_3 为来自总体 X 的一个样本,则当常数 $a=$ _____时,$\hat{\mu}=\dfrac{1}{4}X_1+aX_2+\dfrac{1}{2}X_3$ 是总体均值 μ 的无偏估计量.

3. 设总体 $X\sim N(\mu,1)$,X_1,X_2 为来自总体 X 的一个样本,估计量 $\overline{\mu}_1=\dfrac{1}{2}X_1+\dfrac{1}{2}X_2$,$\overline{\mu}_2=\dfrac{1}{3}X_1+\dfrac{2}{3}X_2$,则方差较小的估计量是_____.

4. 设总体 X 的分布为
$$p_1=P(X=1)=\theta^2,\ p_2=P(X=2)=2\theta(1-\theta),\ p_3=P(X=3)=(1-\theta)^2,$$
其中 $0<\theta<1$. X 观测结果为 $\{1,2,2,1,2,3\}$,则 θ 的极大似然估计量 $\hat{\theta}=$ _____.

5. 由来自正态总体 $X\sim N(\mu,12)$、容量为 100 的简单随机样本,得样本均值为 10,则未知参数 μ 的置信度为 0.95 的置信区间是_____.

6. 假设总体 X 服从参数为 λ 的泊松分布,$X_1,X_2,\cdots,X_n$ 是来自总体 X 的简单随机样本,其均值为 $\overline{X}$,样本方差 $S^2=\dfrac{1}{n-1}\sum_{i=1}^{n}(X_i-\overline{X})^2$. 已知 $\hat{\lambda}=a\overline{X}+(2-3a)S^2$ 为 λ 的无偏估计量,则 $a=$ _____.

7. 设 $X_1,X_2,\cdots,X_{25}$ 是来自总体 X 的一个样本,$X\sim N(\mu,5^2)$,则 μ 的置信度为 0.90 的置信区间是_____.

二、选择题

1. 设 X_1,X_2,X_3 为总体 X 的样本,$T=\dfrac{1}{2}X_1+\dfrac{1}{6}X_2+kX_3$,已知 T 是 $E(X)$ 的无偏估计,则 $k=$（　　）.

A. $\dfrac{1}{6}$ B. $\dfrac{1}{3}$ C. $\dfrac{4}{9}$ D. $\dfrac{1}{2}$

2. 从一个正态总体中随机抽取 $n=20$ 的一个随机样本,样本均值为 17.25,样本标准差为 3.3,则总体均值 μ 的置信度为 95% 的置信区间为（　　）.

A.(15.97,18.53) B.(15.71,18.79) C.(15.14,19.36) D.(14.89,20.45)

3. 设 X_1,X_2 来自任意总体 X 的一个容量为 2 的样本,则在下列 $E(X)$ 的无偏估计中,最有效的估计量是(   ).

A. $\dfrac{2}{3}X_1 + \dfrac{1}{3}X_2$ B. $\dfrac{1}{4}X_1 + \dfrac{3}{4}X_2$ C. $\dfrac{2}{5}X_1 + \dfrac{3}{5}X_2$ D. $\dfrac{1}{2}X_1 + \dfrac{1}{2}X_2$

三、解答题

1. 设总体 X 的概率密度函数为 $f(x;\theta) = \begin{cases} (\theta+1)x^\theta, & 0 < x < 1 \\ 0, & \text{其他} \end{cases}$,其中未知参数 $\theta > -1$,$X_1, X_2, \cdots, X_n$ 是来自该总体的一个样本,求参数 θ 的矩估计和极大似然估计.

2. 某电子元件的使用寿命 X(单位:小时)服从参数为 $\lambda(\lambda > 0)$ 的指数分布,其概率密度函数为 $f(x;\lambda) = \begin{cases} \lambda e^{-\lambda x}, & x > 0 \\ 0, & x \leqslant 0 \end{cases}$.现抽取 n 个电子元件,测得其平均使用寿命 $\bar{x} = 1\,000$,求 λ 的极大似然估计.

3. 设 $X_1, X_2, \cdots, X_n$ 是来自总体 X 的样本,总体的概率密度函数为:

$$f(x;\lambda) = \begin{cases} \lambda x^{\lambda-1}, & 0 < x < 1 \\ 0, & \text{其他} \end{cases} \quad (\lambda > 1)$$

试求:(1)λ 的矩估计 $\hat{\lambda}_1$;(2)λ 的最大似然估计 $\hat{\lambda}_2$.

4. 用传统工艺加工某种水果罐头,每瓶中维生素 C 的含量为随机变量 X(单位:mg).设 $X \sim N(\mu,\sigma^2)$,其中 μ,σ^2 均未知.现抽查 16 瓶罐头进行测试,测得维生素 C 的平均含量为 20.80(mg),样本标准差为 1.60(mg),试求 μ 的置信水平为 95% 的置信区间.

5. 设工厂生产的螺钉长度 X(单位:mm)服从正态分布 $N(\mu,\sigma^2)$,现从一大批螺钉中任取 6 个,测得长度分别为

55, 54, 54, 53, 54, 54.

试求方差 σ^2 的置信水平为 90% 的置信区间.

6. 设某批建筑材料的抗弯强度 X(单位:N)服从正态分布 $N(\mu,0.04)$,现从中抽取容量为 16 的样本,测得样本均值 $\bar{x} = 43$,求 μ 的置信度为 0.95 的置信区间.

7. 一台自动车床加工的零件长度 X(单位:cm)服从正态分布 $N(\mu,\sigma^2)$,从该车床加工的零件中随机抽取 4 个,测得样本方差 $s^2 = \dfrac{2}{15}$,试求总体方差 σ^2 的置信水平为 95% 的置信区间.

8. 某生产车间随机抽取 9 件同型号的产品进行直径测量,得到结果如下:

21.54, 21.63, 21.62, 21.96, 21.42, 21.57, 21.63, 21.55, 21.48
根据长期经验,该产品的直径 X 服从正态分布 $N(\mu,0.9^2)$,试求出该产品的直径 μ 的置信度为 0.95 的置信区间(精确到小数点后三位).

9. 设某行业的一项经济指标 X 服从正态分布 $N(\mu,\sigma^2)$,其中 μ,σ^2 均未知.今获取了该指标的 9 个数据作为样本,并算得样本均值 $\bar{x} = 56.93$,样本方差 $s^2 = 0.93^2$.求 μ 的置信度为 0.95 的置信区间.

B 组

一、选择题

1. 设总体 X 的方差 $D(X)$ 存在，$X_1, X_2, \cdots, X_n$ 是取自总体 X 的简单随机样本，其均值和方差分别为 $\overline{X}$、S^2，则 $E(X^2)$ 的矩估计量是（   ）.

A. $S^2 + \overline{X}^2$
B. $(n-1)S^2 + \overline{X}^2$

C. $nS^2 + \overline{X}^2$
D. $\dfrac{n-1}{n}S^2 + \overline{X}^2$

2. 设总体 X 的方差 $D(X) = \sigma^2$ 存在 $(\sigma > 0)$，$X_1, X_2, \cdots, X_n$ 是取自总体 X 的简单随机样本，其方差为 S^2，且 $D(S) > 0$，则（   ）.

A. S 是 σ 的矩估计量
B. S 是 σ 的最大似然估计量

C. S 是 σ 的无偏估计量
D. S 是 σ 的相合估计量

3. 总体 X 服从正态分布 $N(\mu, \sigma^2)$，其中 σ^2 为已知，则当样本容量 n 一定时，总体均值 μ 的置信区间长度 l 增大，其置信水平 $1 - \alpha$ 的值（   ）.

A. 随之增大
B. 随之减小

C. 增减不变
D. 增减不定

4. 设 $\hat{\theta}$ 是参数 θ 的无偏估计，且有 $D(\hat{\theta}) \neq 0$，则 $\hat{\theta}^2$ 必为 θ^2 的（   ）.

A. 无偏估计
B. 相合估计

C. 有效估计
D. 有偏估计

二、填空题

已知总体 X 服从正态分布 $N(\mu, \sigma^2)$，$X_1, X_2, \cdots, X_{2n}$ 是取自总体 X 的容量为 $2n$ 的简单随机样本，当 σ^2 未知时，$Y = C\sum\limits_{i=1}^{n}(X_{2i} - X_{2i-1})^2$ 为 σ^2 的无偏估计，则 $C = $ _____，$D(Y) = $ _____.

三、解答题

1. 已知总体 X 服从瑞利分布，其密度函数为

$$f(x;\theta) = \begin{cases} \dfrac{x}{\theta}e^{-\frac{x^2}{2\theta}}, & x > 0 \\ 0, & x \leqslant 0 \end{cases}, \theta > 0,$$

$X_1, X_2, \cdots, X_n$ 是取自总体 X 的简单随机样本，求 θ 的矩估计量，并求这个估计量是否为无偏估计量？

2. 设 $X_1, X_2, \cdots, X_n$ 是来自对数级数分布

$$P\{X = k\} = -\frac{1}{\ln(1-p)} \cdot \frac{p^k}{k}, 0 < p < 1; k = 1, 2, \cdots$$

的一个样本，求参数 p 的矩估计.

3. 已知总体 X 的密度函数为

$$f(x;\theta,\mu)=\begin{cases}\dfrac{1}{\theta}e^{-\frac{x-\mu}{\theta}}, & x\geqslant\mu,\\[2mm] 0, & \text{其他}\end{cases}$$

其中 $\theta>0$，$X_1,X_2,\cdots,X_n$ 是取自总体 X 的简单随机样本，试求 θ、μ 的最大似然估计量和矩估计量.

4.接连不断地、独立地对同一目标进行射击，直到命中为止，假定共进行 $n(n\geqslant1)$ 轮这样的射击，各轮射击次数相应为 $k_1,k_2,\cdots,k_n$，求命中率 p 的最大似然估计值和矩估计值.

5.一个罐子里面装有黑球和白球，有放回地抽取一个容量为 n 的样本，其中有 k 个白球，求罐子里黑球数和白球数之比 R 的最大似然估计.

6.设某种电子元件的寿命（以小时计）T 服从指数分布，概率密度为 $f(t)=$ $\begin{cases}\lambda e^{-\lambda t}, & t>0\\ 0, & \text{其他}\end{cases}$，其中 $\lambda>0$ 且未知.现在从这批元件中任取 n 个，在时刻 $t=0$ 时，投入独立寿命试验，试验进行到预定时间 T_0 结束.此时有 $k(0<k<n)$ 个元件失效，试求 λ 的最大似然估计.

7.设总体 X 在区间 $(0,\theta)$ 上服从均匀分布，$X_1,X_2,\cdots,X_n$ 是取自总体 X 的简单随机样本，$\overline{X}=\dfrac{1}{n}\sum_{i=1}^{n}X_i$，$X_{(n)}=\max(X_1,\cdots,X_n)$.

(1)求 θ 的矩估计量和最大似然估计量；

(2)求常数 a、b，使 $\hat{\theta}_1=a\overline{X}$、$\hat{\theta}_2=bX_{(n)}$ 均为 θ 的无偏估计，并比较其有效性；

(3)应用切比雪夫不等式证明：$\hat{\theta}_1$、$\hat{\theta}_2$ 均为 θ 的相合估计.

假设检验

第8章

前一章我们讨论了统计推断中的参数估计问题,本章将讨论另一类统计推断问题——假设检验.在总体的分布函数完全未知或者只知其形式,但不知其参数的情况下,为了推断总体的某些未知特性,提出某些关于总体的假设,然后根据样本对所提出的假设做出是接受还是拒绝的决策.假设检验是做出这一决策的过程.

8.1 假设检验概述

下面我们通过对几个问题的分析,给出假设检验的有关概念,说明假设检验的基本思想和方法.

8.1.1 假设检验的概念

请看以下几个问题:

问题 1　某车间用自动包装机包装葡萄糖,袋装糖的标准质量规定为 0.5 kg,每天开工时,需要先检验一下包装机工作是否正常.根据以往的经验知道,自动包装机装袋质量 X 服从正态分布 $N(\mu, \sigma^2)$.某日开工后,抽取了 10 袋,如何根据这 10 袋的质量判断"自动包装机工作是正常的"这个命题是否成立?

引号内的命题可能是真,也可能是假,只有通过验证才能确定.如果根据抽样结果判断它是真,则我们接受这个命题,否则就拒绝接受它.此时,我们已经接受了"机器工作不正常"这样一个命题.若用 H_0 表示"$\mu=0.5$",用 H_1 表示"$\mu \neq 0.5$",则问题等价于检验 $H_0: \mu=0.5$ 是否成立,若 H_0 不成立,则 $H_1: \mu \neq 0.5$.

问题 2　某种灯泡的使用寿命 X 服从参数为 λ 的指数分布,现从一批元件中任取 n 个测得其寿命值,如何判定"灯泡的平均寿命不小于 6 000 小时"这个命题是否成立?

记 $H_0: \lambda \leqslant \dfrac{1}{6\,000}$,$H_1: \lambda > \dfrac{1}{6\,000}$,则问题等价于检验 H_0 成立还是 H_1 成立.

问题 3 某种疾病,不用药时期康复率为 $\theta=\theta_0$,现发明一种新药,为此抽查 n 位病人用新药的治疗效果,设其中有 s 人康复,根据这些信息,能否断定"该新药有效"?

记 $H_0:\theta>\theta_0$,$H_1:\theta\leqslant\theta_0$,则问题等价于检验 H_0 成立还是 H_1 成立.

在许多实际问题中,我们常常需要对关于总体的分布形式或者分布中的未知参数的某个陈述或命题进行判断,数理统计学中将这些有待验证的陈述或命题称为**统计假设**,简称**假设**.如上述各问题中的 H_0 和 H_1 都是假设.利用样本对假设的真假进行判断称为**假设检验**.

在假设检验问题中,常把一个被检验的假设称为**原假设**或**零假设**,而其对立面就称为**对立假设**或**备择假设**(其意为在原假设被拒绝后可供选择的假设).上述各问题中,H_0 为原假设,H_1 为对立假设.我们要做的工作就是,根据样本做出判断决策,在 H_0 与 H_1 两者之间接受其一.当 H_0 不成立时,就拒绝接受 H_0 而接受其对立假设 H_1.

对立假设的形式可能有多个,如 $H_0:\theta=\theta_0$.其对立形式有 $H_1:\theta\neq\theta_0$,$H_2:\theta>\theta_0$,$H_3:\theta<\theta_0$.选择哪一种需要根据实际问题确定.在假设检验问题中,必须同时给出原假设和对立假设.

称假设检验问题 $H_0:\theta=\theta_0$,$H_1:\theta\neq\theta_0$ 为**双边检验**问题;称假设检验问题 $H_0:\theta\geqslant\theta_0$,$H_1:\theta<\theta_0$ 为**左边检验**问题;称假设检验问题 $H_0:\theta\leqslant\theta_0$,$H_1:\theta>\theta_0$ 为**右边检验**问题.左边检验和右边检验统称为**单边检验**.

一般将想要从样本中找证据去否定某个受保护的命题取其为零假设.在假设检验中,零假设与其对立假设的地位不是平等的.零假设受到保护,是由于传统、公正、隐私或一个群体利益等原因的需要.

8.1.2 假设检验的思想方法

怎么利用从总体中抽取的样本来检验某个关于总体的假设是否成立呢? 由于样本和总体同分布,样本包含了总体分布的信息,因而也包含了假设 H_0 是否成立的信息,如何获取并利用样本信息是解决问题的关键.统计学中常用"小概率原理"和"概率反证法"来解决这个问题.

小概率原理 概率很小的事件在一次试验中不会发生.如果小概率事件在一次试验中竟然发生了,则事属反常,定有导致反常的特别原因,有理由怀疑试验的原定条件不成立.

概率反证法 欲判断假设 H_0 的真假,先假定 H_0 为真,在此前提下构造一个能说明问题的小概率事件 A.试验取样,由样本信息确定 A 是否发生,若 A 发生,这与小概率原理相违背,说明试验的假定条件 H_0 不成立,拒绝 H_0,接受 H_1;若小概率事件 A 没有发生,没有理由拒绝 H_0,只好接受 H_0.

反证法的关键是通过推理,得到一个与常理(定理、公式、原理)相违背的结论."概率反证法"依据的是"小概率原理".那么,多小的概率才算小概率呢? 这要由实际问题的不同需要来决定. 我们用符号 α 记为小概率, 一般取 $\alpha=0.01$、0.05、0.1 等. 在假设检验中, 若小概率事件的概率不超过 α, 则称 α 为**检验水平**或**显著性水平**.

下面举例说明以上检验的思想和方法.

【例 8-1】 已知某炼铁厂的铁水含碳量 X 服从正态分布 $N(4.55, 0.06^2)$, 现改变了工艺条件, 又测得 10 个锅炉中铁水的平均含碳量 $\bar{x}=4.57$. 假设方差无变化, 问总体的均值 μ 是否有明显变化? (取 $\alpha=0.05$)

解 由问题提出假设 $H_0: \mu=4.55$ (即设均值 μ 无明显变化), $H_1: \mu \neq 4.55$ (即设均值 μ 有变化). 若 H_0 成立, 则 μ 与 4.55 很接近. 由于 μ 未知, 用其无偏估计量 $\bar{X}$ 来代替, 用 $|\bar{X}-4.55|$ 来衡量 μ 与 4.55 之间的差异. 如果 $|\bar{X}-4.55|$ 较大, 则认为 $\mu \neq 4.55$. 所以在 H_0 成立的前提下, 事件 $A: |\bar{X}-4.55| \geq d (d>0$ 较大, 待定) 不太可能发生, 即 $P(A)$ 很小. 令 $P(A)=\alpha$, 确定 d 是解决问题的关键.

由 $\bar{X} \sim N\left(\mu, \dfrac{\sigma^2}{n}\right)$, 可知 $\dfrac{\bar{X}-\mu}{\sigma/\sqrt{n}} \sim N(0,1)$. 因此在 H_0 成立的前提下, 统计量 $Z=\dfrac{\bar{X}-4.55}{\dfrac{\sigma}{\sqrt{n}}} \sim N(0,1)$. 显然, $|\bar{X}-4.55| \geq d \Leftrightarrow |Z| \geq \dfrac{d}{\dfrac{\sigma}{\sqrt{n}}}$, 因此,

$$\alpha=P\{|\bar{X}-4.55| \geq d\}=P\left\{|Z| \geq \dfrac{d}{\sigma/\sqrt{n}}\right\}=2P\left\{Z \geq \dfrac{d}{\sigma/\sqrt{n}}\right\},$$

即 $P\left\{Z \geq \dfrac{d}{\sigma/\sqrt{n}}\right\}=\dfrac{\alpha}{2}$. 由标准正态分布上侧分位数的定义可知 $\dfrac{d}{\sigma/\sqrt{n}}=z_{\frac{\alpha}{2}}$, 由此确定了小概率事件 $A: |Z| \geq z_{\frac{\alpha}{2}}$.

由 $\alpha=0.05$, 得 $z_{\frac{\alpha}{2}}=z_{0.025}=1.96$,

$$z=\frac{\bar{x}-4.55}{\sigma/\sqrt{n}}=\frac{4.57-4.55}{0.06/\sqrt{10}}=1.054.$$

由于 $|z|<z_{\frac{\alpha}{2}}$, 说明小概率事件 A 未发生, 因此接受假设 H_0, 即认为总体均值 μ 等于 4.55.

在随机试验中, 小概率事件有许多, 关键是要找一个能说明问题的小概率事件. 本例中, 若取 $A: |\bar{X}-4.55|<d$, 由 $P(A)=\alpha$ 同样可确定 d, 最后的检验将出现这样一种倾向: μ 越与 4.55 接近, 越要拒绝 $H_0: \mu=4.55$, 这样的判别方法显然不合理, 错误在于: 在 H_0 成立的前提下, 这样取小概率事件 A 不合理.

在本例中, 若设 $D=\{(x_1, \cdots, x_{10}) | |z| \geq z_{\frac{\alpha}{2}}\}$, 则 $A: (X_1, X_2, \cdots, X_{10}) \in D$, D 是使小概率事件 A 发生的所有 10 维样本值 $(x_1, \cdots, x_{10})$ 构成的集合, $D \subset \mathbf{R}^{10}$, 则拒绝接受 H_0 等价于样本观测值 $(x_1, \cdots, x_{10}) \in D$, 其中 D 是 n 维空间 $\mathbf{R}^n$ 中的区域, 则称 D 为假设 H_0 的**拒绝域**或**否定域**, 拒绝域的边界点称为**临界点**, 称 D 的补集 $\bar{D}=\mathbf{R}^n-D$ 为 H_0 的**接受域**. 检验中所用的统计量称为**检验统计量**.

通过总结本例处理问题的思想与方法,可得处理参数的假设检验问题的步骤,具体如下:

(1)根据实际问题的要求,提出原假设 H_0 和备择假设 H_1,给定显著性水平 α 及样本容量 n;

(2)用一个待估参数来代替参数,分析拒绝域的形式,构造检验统计量,在 H_0 成立的条件下确定其分布,按照 $P\{(X_1,X_2,\cdots,X_n)\in D\}=\alpha$ 确定拒绝域 D;

(3)取样,根据样本观察值计算、查表求出有关数据,判断小概率事件是否发生,做出决策.

在后面章节,我们只讨论正态总体参数的假设检验问题.

8.1.3 假设检验的两类错误

由于检验法是根据样本做出的,则样本的随机性可能使检验结果发生以下两种类型的错误.

第Ⅰ类错误(弃真) 当原假设 H_0 为真时,抽样结果却表明小概率事件发生了,按检验法则将拒绝 H_0,这样就犯了所谓"弃真"的错误.弃真的概率为

$$P\{拒绝\ H_0\,|\,H_0\ 为真\}$$

给定显著性水平 α,由于

$$P\{拒绝\ H_0\,|\,H_0\ 为真\}=P\{小概率事件\}\leqslant\alpha$$

所以弃真的概率不超过显著性水平 α.

第Ⅱ类错误(取伪) 当 H_0 实际为假时,抽样结果却表明小概率事件没有发生,按检验法则将接受 H_0,这样就犯了所谓"取伪"的错误.取伪的概率为

$$P\{接受\ H_0\,|\,H_1\ 为真\}=\beta.$$

通常,在确定检验法则时,我们应尽可能使犯两类错误的概率都比较小.但是,一般来说,当样本容量固定时,若减少犯一类错误的概率,则犯另一类错误的概率往往增大.若要使犯两类错误的概率都减小,除非增加样本容量.在给定样本容量的情况下,一般来说,我们总是控制犯第Ⅰ类错误的概率,使它不大于 α.这种只对犯第Ⅰ类错误的概率加以控制,而不考虑犯第Ⅱ类错误的概率的检验,称为**显著性检验**.

8.2 正态总体均值与方差的假设检验

8.2.1 单个总体的情况

1. 均值 μ 的假设检验

(1)σ^2 为已知,关于 μ 的检验(Z 检验)

在例 8-1 中已经讨论过正态总体 $N(\mu,\sigma^2)$ 当 σ^2 已知时关于 μ 的检验问题:$H_0:\mu=$

$\mu_0, H_1: \mu \neq \mu_0$. 我们利用统计量 $Z = \dfrac{\overline{X} - \mu_0}{\sigma/\sqrt{n}}$ 确定了其拒绝域为

$$|z| = \left| \frac{\overline{x} - \mu_0}{\sigma/\sqrt{n}} \right| \geqslant z_{\frac{\alpha}{2}} \tag{8-1}$$

在此检验问题中,我们是利用检验统计量 $Z = \dfrac{\overline{X} - \mu_0}{\sigma/\sqrt{n}}$ 来确定拒绝域的,这种检验法常

称为 **Z 检验法**.

(2) σ^2 未知,关于 μ 的检验(t 检验)

设总体 $X \sim N(\mu, \sigma^2)$,σ^2 未知,对于显著性水平 α 我们来检验假设

$$H_0: \mu = \mu_0, H_1: \mu \neq \mu_0$$

由于 σ^2 未知,现在不能用 $\dfrac{\overline{X} - \mu_0}{\sigma/\sqrt{n}}$ 作为检验统计量. 注意到 S^2 是 σ^2 的无偏估计,用 S 代替

σ,采用

$$T = \frac{\overline{X} - \mu_0}{S/\sqrt{n}}$$

作为检验统计量. 拒绝域的形式为

$$|\overline{x} - \mu_0| \geqslant k (k \text{ 待定}).$$

当 H_0 为真时,$T = \dfrac{\overline{X} - \mu_0}{S/\sqrt{n}} \sim t(n-1)$. 由

$$\alpha = P\{|\overline{X} - \mu_0| \geqslant k\} = P\left\{|T| \geqslant \frac{k}{S/\sqrt{n}}\right\}$$

得

$$k = \frac{s}{\sqrt{n}} t_{\alpha/2}(n-1),$$

所以拒绝域为

$$|t| = \left| \frac{\overline{x} - \mu_0}{s/\sqrt{n}} \right| \geqslant t_{\alpha/2}(n-1) \tag{8-2}$$

上述利用 t 统计量得出的检验法称为 **t 检验法**.

【**例 8-2**】 某工厂生产的电灯泡的使用时数 X 服从正态分布 $N(\mu, \sigma^2)$,现在观察 20 个灯泡,测得这些灯泡的使用时数,并由此算得 $\overline{x} = 1\,832, s = 497$,试问"该厂电灯泡的平均使用时数为 $\mu = 2\,000$(小时)"这个结论是否成立?($\alpha = 0.05$)

解 问题可归结为检验假设

$$H_0: \mu = 2\,000, H_1: \mu \neq 2\,000$$

由于方差 σ^2 未知,用 t 检验. 检验统计量

$$T = \frac{\overline{X} - \mu_0}{S/\sqrt{n}} \sim t(n-1)$$

由式(8-2)知拒绝域为

$$|t| = \left| \frac{\bar{x} - \mu_0}{s/\sqrt{n}} \right| \geq t_{\alpha/2}(n-1)$$

查 t 分布表,得

$$t_{\alpha/2}(n-1) = t_{0.025}(19) = 2.093$$

于是

$$|t| = \left| \frac{1\,832 - 2\,000}{\frac{497}{\sqrt{20}}} \right| \approx 1.51 < 2.093$$

t 没有落在拒绝域中,故接受 H_0,即认为"该厂电灯泡的平均使用时数为 $\mu = 2\,000$(小时)"这个结论成立.

2. 方差 σ^2 的假设检验(χ^2 检验)

设总体 $X \sim N(\mu, \sigma^2)$,μ 和 σ^2 未知,取样本容量为 n 的样本,样本方差为 S^2,给定显著性水平 α,检验假设

$$H_0 : \sigma^2 = \sigma_0^2, \quad H_1 : \sigma^2 \neq \sigma_0^2 \, (\sigma_0^2 \text{ 为已知常数})$$

由于 S^2 是 σ^2 的无偏估计,若 H_0 成立,则比值 $\dfrac{S^2}{\sigma_0^2}$ 一般来说应在 1 附近摆动. 若 $\dfrac{S^2}{\sigma_0^2}$ 与 1 的偏差较大,则拒绝 H_0,所以可取拒绝域形式为

$$\frac{s^2}{\sigma_0^2} \leq k_1 \quad \text{或} \quad \frac{s^2}{\sigma_0^2} \geq k_2$$

当 H_0 成立时,统计量

$$\chi^2 = \frac{(n-1)S^2}{\sigma_0^2} \sim \chi^2(n-1)$$

设

$$\alpha = P\left\{ \frac{S^2}{\sigma_0^2} \leq k_1 \text{ 或 } \frac{S^2}{\sigma_0^2} \geq k_2 \right\}$$
$$= P\{\chi^2 \leq (n-1)k_1\} + P\{\chi^2 \geq (n-1)k_2\}$$

为计算方便,将 $\dfrac{S^2}{\sigma_0^2}$ 偏大或偏小的概率看作相等,令

$$P\{\chi^2 \leq (n-1)k_1\} = P\{\chi^2 \geq (n-1)k_2\} = \frac{\alpha}{2}$$

由此得

$$k_1 = \frac{\chi^2_{1-\alpha/2}(n-1)}{n-1}, \quad k_2 = \frac{\chi^2_{\alpha/2}(n-1)}{n-1}$$

拒绝域为

$$\chi^2 = \frac{(n-1)s^2}{\sigma_0^2} \leq \chi^2_{1-\alpha/2}(n-1) \quad \text{或} \quad \chi^2 = \frac{(n-1)s^2}{\sigma_0^2} \geq \chi^2_{\alpha/2}(n-1) \tag{8-3}$$

以上检验法称为 χ^2 **检验法**.

【**例 8-3**】 一细纱车间纺出的某种细纱支数标准差为 1.2.从某日纺出的一批细纱中随机取 16 缕进行支数测量,算得样本的标准差为 2.1,问纱的均匀度有无显著变化? 取 $\alpha=0.05$,并假设总体是正态分布.

解 要检验的假设为
$$H_0:\sigma^2=\sigma_0^2=1.2^2, H_1:\sigma^2\neq\sigma_0^2.$$

检验统计量
$$\chi^2=\frac{(n-1)S^2}{\sigma_0^2}$$

拒绝域为
$$\chi^2\leqslant\chi_{1-\alpha/2}^2(n-1) \quad \text{或} \quad \chi^2\geqslant\chi_{\alpha/2}^2(n-1).$$

经计算得
$$n=16, \quad s^2=2.1^2, \quad \sigma_0^2=1.2^2, \quad \chi^2=45.94$$

查 χ^2 分布表得
$$\chi_{1-\alpha/2}^2(n-1)=\chi_{0.975}^2(15)=6.262, \quad \chi_{0.025}^2(15)=27.488$$

于是
$$\chi^2\geqslant\chi_{0.025}^2(15),$$

故拒绝 H_0,即纱的均匀度有显著变化.

8.2.2 两个总体的情况

1.两个正态总体均值差的检验(t 检验)

我们还可以用 t 检验法检验具有相同方差的两个正态总体均值差的假设.设总体 $X\sim N(\mu_1,\sigma_1^2)$,$Y\sim N(\mu_2,\sigma_2^2)$,且 X、Y 相互独立,$\sigma_1^2=\sigma_2^2=\sigma^2$ 且均未知,从两个总体中分别取容量为 n_1、n_2 的样本,$\overline{X}$、$\overline{Y}$ 分别为两个总体的样本均值,S_1^2、S_2^2 分别是样本方差.给定显著性水平 α,检验假设
$$H_0:\mu_1-\mu_2=\delta, H_1:\mu_1-\mu_2\neq\delta \quad (\delta \text{为已知常数}).$$
这里,为了方便,我们以 $\delta=0$ 的情况为例进行讨论.即研究假设
$$H_0:\mu_1=\mu_2, H_1:\mu_1\neq\mu_2.$$
由第 6 章定理 4 知:
$$T=\frac{(\overline{X}-\overline{Y})-(\mu_1-\mu_2)}{S_w\sqrt{\dfrac{1}{n_1}+\dfrac{1}{n_2}}}\sim t(n_1+n_2-2),$$

其中
$$S_w^2=\frac{(n_1-1)S_1^2+(n_2-1)S_2^2}{n_1+n_2-2}.$$

当 H_0 为真时,统计量

$$T = \frac{\overline{X} - \overline{Y}}{S_w \sqrt{\dfrac{1}{n_1} + \dfrac{1}{n_2}}} \sim t(n_1 + n_2 - 2)$$

与单个总体的 t 检验法相仿,拒绝域形式为 $|\overline{x} - \overline{y}| \geqslant k$. 由

$$a = P\{|\overline{X} - \overline{Y}| \geqslant k\} = P\left\{|T| \geqslant \frac{k}{S_w \sqrt{\dfrac{1}{n_1} + \dfrac{1}{n_2}}}\right\}$$

得

$$k = S_w \sqrt{\frac{1}{n_1} + \frac{1}{n_2}} t_{\frac{a}{2}}(n_1 + n_2 - 2).$$

于是拒绝域为

$$|t| = \frac{|\overline{x} - \overline{y}|}{s_w \sqrt{\dfrac{1}{n_1} + \dfrac{1}{n_2}}} \geqslant t_{a/2}(n_1 + n_2 - 2). \tag{8-4}$$

【例 8-4】 对用两种不同热处理方法加工的金属材料做抗拉强度试验,得到的试验数据如下:

方法 I:31,34,29,26,32,35,38,34,30,29,32,31

方法 II:26,24,28,29,30,29,32,26,31,29,32,28

设两种不同热处理加工的金属材料的抗拉强度都服从正态分布,且方差相等. 比较两种方法所得金属材料的平均抗拉强度有无显著差异.($\alpha = 0.05$)

解 记两总体的正态分布为 $N_1(\mu_1, \sigma^2)$,$N_2(\mu_2, \sigma^2)$,本题是要检验假设

$$H_0: \mu_1 = \mu_2, \quad H_1: \mu_1 \neq \mu_2.$$

检验统计量为

$$T = \frac{\overline{X} - \overline{Y}}{S_w \sqrt{\dfrac{1}{n_1} + \dfrac{1}{n_2}}}$$

拒绝域为

$$|t| = \frac{|\overline{x} - \overline{y}|}{s_w \sqrt{\dfrac{1}{n_1} + \dfrac{1}{n_2}}} \geqslant t_{a/2}(n_1 + n_2 - 2).$$

计算统计值

$$n_1 = n_2 = 12, \quad \overline{x} = 31.75, \quad \overline{y} = 28.67$$

$$(n_1 - 1)s_1^2 = 112.25, \quad (n_2 - 1)s_2^2 = 66.64, \quad s_w = 2.85$$

$$|t| = \frac{|\overline{x} - \overline{y}|}{s_w \sqrt{\dfrac{1}{n_1} + \dfrac{1}{n_2}}} = \frac{|31.75 - 28.67|}{2.85 \sqrt{\dfrac{1}{6}}} \approx 2.647.$$

查 t 分布表,得

$$t_{\alpha/2}(n_1+n_2-2)=t_{0.025}(22)=2.073\,9.$$

由于 $|t|>t_{\frac{\alpha}{2}}(n_1+n_2-2)$,故拒绝 H_0,即认为两种不同热处理方法加工的金属材料的平均抗拉强度有显著差异.

2. 两个总体方差比的检验(F 检验)

设总体 $X\sim N(\mu_1,\sigma_1^2)$,$Y\sim N(\mu_2,\sigma_2^2)$,且 X、Y 相互独立,$\mu_1,\sigma_1^2,\mu_2,\sigma_2^2$ 均为未知,从两个总体中分别取容量为 n_1、n_2 的样本,S_1^2、S_2^2 分别是两个总体的样本方差. 给定显著性水平 α,检验假设

$$H_0:\sigma_1^2=\sigma_2^2,\quad H_1:\sigma_1^2\neq\sigma_2^2.$$

S_1^2、S_2^2 分别为 σ_1^2、σ_2^2 的无偏估计,若 $\dfrac{S_1^2}{S_2^2}$ 比 1 小得多或大得多,则拒绝 H_0,所以拒绝域形式为

$$\frac{s_1^2}{s_2^2}\leqslant k_1(k_1<1\ \text{待定})\text{或}\frac{s_1^2}{s_2^2}\geqslant k_2(k_2>1\ \text{待定})$$

由第 6 章定理 4,知

$$\frac{S_1^2/\sigma_1^2}{S_2^2/\sigma_2^2}\sim F(n_1-1,n_2-1).$$

$$P\left\{\frac{S_1^2}{S_2^2}\leqslant k_1\right\}=P\left\{\frac{S_1^2/\sigma_1^2}{S_2^2/\sigma_2^2}\leqslant k_1\,\frac{\sigma_2^2}{\sigma_1^2}\right\}=P\left\{\frac{S_1^2/\sigma_1^2}{S_2^2/\sigma_2^2}\leqslant k_1\right\}(\text{当 }H_0\text{ 为真时}\frac{\sigma_2^2}{\sigma_1^2}=1)$$

或

$$P\left\{\frac{S_1^2}{S_2^2}\geqslant k_2\right\}=P\left\{\frac{S_1^2/\sigma_1^2}{S_2^2/\sigma_2^2}\geqslant k_2\,\frac{\sigma_2^2}{\sigma_1^2}\right\}=P\left\{\frac{S_1^2/\sigma_1^2}{S_2^2/\sigma_2^2}\geqslant k_2\right\}.$$

要控制 $P\left\{\dfrac{S_1^2}{S_2^2}\leqslant k_1\right\}\leqslant\dfrac{\alpha}{2}$,只需令 $P\left\{\dfrac{S_1^2/\sigma_1^2}{S_2^2/\sigma_2^2}\leqslant k_1\right\}=\dfrac{\alpha}{2}$,即

$$P\left\{\frac{S_1^2/\sigma_1^2}{S_2^2/\sigma_2^2}\geqslant k_1\right\}=1-\frac{\alpha}{2}.$$

所以

$$k_1=F_{1-\frac{\alpha}{2}}(n_1-1,n_2-1),$$

同理,可得

$$k_2=F_{\alpha/2}(n_1-1,n_2-1),$$

于是拒绝域为

$$F=\frac{s_1^2}{s_2^2}\geqslant F_{\alpha/2}(n_1-1,n_2-1)\text{或}F=\frac{s_1^2}{s_2^2}\leqslant F_{1-\frac{\alpha}{2}}(n_1-1,n_2-1) \tag{8-5}$$

上述检验法称为 **F 检验法**.

课堂练习

1. 已知某炼铁厂的铁水含量在正常情况下服从正态分布 $N(4.55, 10.8^2)$，现在测试了 5 个锅炉的铁水，其含碳量为

$$4.28, \quad 4.40, \quad 4,42, \quad 4.35, \quad 4.37$$

若方差没有变，问总体均值是否有显著变化？（$\alpha = 0.05$）

2. 如果一个矩形的宽与长之比等于 0.618，称这样的矩形为黄金比矩形，这种矩形给人良好的感觉，现代的建筑物构件、工艺品，甚至司机的驾驶执照、信用卡等常常采用黄金比矩形. 下面列出某工艺品工厂随机抽取的 20 个矩形的宽与长之比：

$$0.693, 0.749, 0.654, 0.670, 0.662, 0.672, 0.615, 0.606, 0.690, 0.628$$
$$0.611, 0.606, 0.668, 0.601, 0.609, 0.553, 0.570, 0.844, 0.576, 0.933$$

设这一工厂生产的矩形的宽与长的比值总体服从正态分布 $X \sim N(\mu, \sigma^2)$，试问该工厂生产的矩形是否为黄金比矩形？（$\alpha = 0.05$）

3. 已知某种纤维的纤度 $X \sim N(\mu, \sigma^2)$，其方差 σ^2 按往常资料确定为 0.048. 某日抽取 5 根纤维，测得其纤度为

$$1.32, 1.55, 1.36, 1.40, 1.44$$

试问这一天纤度总体的方差 σ^2 有无显著变化？（$\alpha = 0.1$）

4. 从两处煤矿各取一样本，测得其含灰率分别为

甲煤矿：24.3, 20.8, 23.7, 21.3, 17.4

乙煤矿：18.2, 16.9, 20.2, 16.7

设矿中含灰率服从正态分布，问甲、乙两煤矿的含灰率有无显著差异？（$\alpha = 0.05$）

5. 某日从两台新机床加工的同一批零件中，分别抽若干个样品测量零件尺寸，得

甲机床：6.2, 5.7, 6.5, 6.0, 6.3, 5.8, 5.7, 6.0, 6.0, 5.8, 6.0

乙机床：5.6, 5.9, 5.6, 5.7, 5.8, 6.0, 5.5, 5.7, 5.5

试检验这两台新机床加工零件的精度是否有显著差异？（$\alpha = 0.05$，零件尺寸服从正态分布）

8.3 单侧假设检验

在 8.1 中我们提到了假设检验问题可以分为双边检验和单边检验. 前面我们主要是对正态总体中未知参数的双侧检验问题进行了讨论，下面我们讨论单侧假设检验.

例如,对于正态总体 $N(\mu,\sigma^2)$,我们讨论当 σ^2 已知时关于 μ 的单侧检验问题:$H_0:\mu\leqslant\mu_0,H_1:\mu>\mu_0$.

因 H_0 中的全部 μ 都比 H_1 中的 μ 要小,当 H_1 为真时,观察值 $\overline{x}$ 往往偏大,因此拒绝域的形式为 $\overline{x}-\mu_0\geqslant k_1$,等价形式为 $\dfrac{\overline{x}-\mu_0}{\sigma/\sqrt{n}}\geqslant k(k\text{ 待定})$. $\dfrac{\overline{X}-\mu_0}{\sigma/\sqrt{n}}\sim N(0,1)$,若 H_0 成立,则 $\mu_0-\mu\geqslant0$,于是

$$P\left\{\frac{\overline{X}-\mu_0}{\sigma/\sqrt{n}}\geqslant k\right\}=P\left\{\frac{\overline{X}-\mu_0}{\sigma/\sqrt{n}}-\frac{\mu}{\sigma/\sqrt{n}}\geqslant-\frac{\mu}{\sigma/\sqrt{n}}+k\right\}$$

$$=P\left\{\frac{\overline{X}-\mu}{\sigma/\sqrt{n}}\geqslant\frac{\mu_0-\mu}{\sigma/\sqrt{n}}+k\right\}$$

$$\leqslant P\left\{\frac{\overline{X}-\mu}{\sigma/\sqrt{n}}\geqslant k\right\}$$

要控制 $P\left\{\dfrac{\overline{X}-\mu_0}{\sigma/\sqrt{n}}\geqslant k\right\}\leqslant\alpha$,只需令 $P\left\{\dfrac{\overline{X}-\mu}{\sigma/\sqrt{n}}\geqslant k\right\}=\alpha$,由此得 $k=z_\alpha$,所以得检验问题 $H_0:\mu\leqslant\mu_0,H_1:\mu>\mu_0$ 的拒绝域为

$$z=\frac{\overline{x}-\mu_0}{\sigma/\sqrt{n}}\geqslant z_\alpha \tag{8-6}$$

同样,可得左边假设检验问题 $H_0:\mu\geqslant\mu_0,H_1:\mu<\mu_0$ 的拒绝域为

$$z=\frac{\overline{x}-\mu_0}{\sigma/\sqrt{n}}\leqslant-z_\alpha \tag{8-7}$$

关于正态总体参数的其他单侧假设检验问题的拒绝域在表 8-1 和表 8-2 中均已给出.

表 8-1　　　　　　　　单个正态总体均值与方差的检验法(显著性水平为 α)

原假设 H_0	检验统计量	备选假设 H_1	H_0 的拒绝域
$\mu=\mu_0$ $\mu\leqslant\mu_0$ $\mu\geqslant\mu_0$ σ^2 已知	$Z=\dfrac{\overline{X}-\mu_0}{\sigma/\sqrt{n}}$	$\mu\neq\mu_0$ $\mu>\mu_0$ $\mu<\mu_0$	$\lvert z\rvert\geqslant z_{\frac{\alpha}{2}}$ $z\geqslant z_\alpha$ $z\leqslant-z_\alpha$
$\mu=\mu_0$ $\mu\leqslant\mu_0$ $\mu\geqslant\mu_0$ σ^2 未知	$T=\dfrac{\overline{X}-\mu_0}{S/\sqrt{n}}$	$\mu\neq\mu_0$ $\mu>\mu_0$ $\mu<\mu_0$	$\lvert t\rvert\geqslant t_{\frac{\alpha}{2}}(n-1)$ $t\geqslant t_\alpha(n-1)$ $t\leqslant-t_\alpha(n-1)$
$\sigma^2=\sigma_0^2$ $\sigma^2\leqslant\sigma_0^2$ $\sigma^2\geqslant\sigma_0^2$ μ 未知	$\chi^2=\dfrac{(n-1)S^2}{\sigma_0^2}$	$\sigma^2\leqslant\sigma_0^2$ $\sigma^2>\sigma_0^2$ $\sigma^2<\sigma_0^2$	$\chi^2\leqslant\chi^2_{1-\alpha/2}(n-1)$ 或 $\chi^2\geqslant\chi^2_{\alpha/2}(n-1)$; $\chi^2\geqslant\chi^2_\alpha(n-1)$ $\chi^2\leqslant\chi^2_{1-\alpha}(n-1)$

注:上表中,原假设 H_0 一列中的不等号改成等号,所得的拒绝域不变.

表 8-2　　　两个正态总体均值差与方差比的检验法（显著性水平为 α）

原假设 H_0	检验统计量	备选假设 H_1	H_0 的拒绝域
$\mu_1-\mu_2=\delta$ $\mu_1-\mu_2\leqslant\delta$ $\mu_1-\mu_2\geqslant\delta$ σ_1^2,σ_2^2 已知	$Z=\dfrac{\overline{X}-\overline{Y}-\delta}{\sqrt{\dfrac{\sigma_1^2}{n_1}+\dfrac{\sigma_2^2}{n_2}}}$	$\mu_1-\mu_2\neq\delta$ $\mu_1-\mu_2>\delta$ $\mu_1-\mu_2<\delta$	$\|z\|\geqslant z_{\frac{\alpha}{2}}$ $z\geqslant z_\alpha$ $z\leqslant-z_\alpha$
$\mu_1-\mu_2=\delta$ $\mu_1-\mu_2\leqslant\delta$ $\mu_1-\mu_2\geqslant\delta$ $\sigma_1^2=\sigma_2^2=\sigma^2$ 且均未知	$T=\dfrac{\overline{X}-\overline{Y}-\delta}{S_w\sqrt{\dfrac{1}{n_1}+\dfrac{1}{n_2}}}$ $S_w^2=\dfrac{(n_1-1)S_1^2+(n_2-1)S_2^2}{n_1+n_2-2}$	$\mu_1-\mu_2\neq\delta$ $\mu_1-\mu_2>\delta$ $\mu_1-\mu_2<\delta$	$\|t\|\geqslant t_{\alpha/2}(n_1+n_2-2)$ $t\geqslant t_\alpha(n_1+n_2-2)$ $t\leqslant-t_\alpha(n_1+n_2-2)$
$\sigma_1^2=\sigma_2^2$ $\sigma_1^2\leqslant\sigma_2^2$ $\sigma_1^2\geqslant\sigma_2^2$ μ 未知	$F=\dfrac{S_1^2}{S_2^2}$	$\sigma_1^2\neq\sigma_2^2$ $\sigma_1^2>\sigma_2^2$ $\sigma_1^2<\sigma_2^2$	$F\geqslant F_{\alpha/2}(n_1-1,n_2-1)$ 或 $F\leqslant F_{1-\frac{\alpha}{2}}(n_1-1,n_2-1)$ $F\geqslant F_\alpha(n_1-1,n_2-1)$ $F\leqslant F_{1-\alpha}(n_1-1,n_2-1)$

　　在假设检验问题中,原假设和备择假设的确定很重要,有时对于同一个检验问题,如果交换原假设和备择假设似乎可以得到完全相反的结论,特别是对单侧假设检验,问题更为明显.因此,我们对于单侧假设检验的原假设和备择假设提出以下两点设定依据:(1)等号一般放在 H_0 处;(2)H_0 的假设遵循保守原则,小概率事件由 H_1 构造.

　　【例 8-5】　公司从生产商购买牛奶,公司怀疑生产商在牛奶中掺水以谋利.通过测定牛奶的冰点,可以检验出牛奶是否掺水.天然牛奶的冰点温度近似服从正态分布,均值 $\mu_0=-0.545(℃)$,标准差 $\sigma=0.008(℃)$.牛奶掺水可使冰点温度升高而接近水的冰点温度 $(0℃)$.测得生产商提交的 5 批牛奶的冰点温度,其均值为 $\overline{x}=-0.535(℃)$,问是否可以认为生产商在牛奶中掺了水? 取 $\alpha=0.05$.

　　解　按题意需检验假设

$$H_0:\mu\leqslant\mu_0=-0.545(\text{即设牛奶未掺水}),$$
$$H_1:\mu>\mu_0(\text{即设牛奶已掺水}).$$

检验统计量为

$$Z=\frac{\overline{X}-\mu_0}{\sigma/\sqrt{n}}\sim N(0,1).$$

这是右边检验问题,其拒绝域如式(8-6),即为

$$z=\frac{\overline{x}-\mu_0}{\sigma/\sqrt{n}}\geqslant z_{0.05}=1.645.$$

计算统计值

$$z = \frac{\overline{x} - \mu_0}{\sigma/\sqrt{n}} = \frac{-0.535 - (-0.545)}{0.008/\sqrt{5}} \approx 2.7951 > 1.645,$$

z 的值落在拒绝域中,所以我们在显著性水平 $\alpha = 0.05$ 下拒绝 H_0,即认为牛奶商在牛奶中掺了水.

课堂练习

1.一种燃料的辛烷等级服从正态分布 $N(\mu, \sigma^2)$,其平均等级 $\mu = 98.0$,标准差 $\sigma = 0.8$.现抽取 25 桶新油,测试其等级,算得平均等级为 97.7.假定标准差与原来一样,问新油的辛烷平均等级是否比原燃料的辛烷平均等级偏低?($\alpha = 0.05$)

2.电工器材厂生产一批保险丝,抽取 10 根测试其熔化时间,结果为(单位:ms):

$$42, 65, 75, 78, 71, 59, 57, 68, 54, 55$$

设熔化时间 T 服从正态分布,问是否可认为整批保险丝熔化的时间的标准差小于 20?($\alpha = 0.05$)

8.4 置信区间与假设检验之间的关系

参数假设检验的关键是要找一个确定性的区域(拒绝域)$D \subset \mathbf{R}^n$,使得当 H_0 成立时,事件 $\{(X_1, \cdots, X_n) \in D\}$ 是一个小概率事件,一旦抽样结果使小概率事件发生,就否定原假设 H_0.

参数的区间估计则是找一个随机区间 I,使 I 包含待估参数 θ 的真值是一个大概率事件.

由此可见,置信区间与假设检验之间有明显的联系.此两类问题,都是利用样本对参数做判断:一个是由小概率事件否定参数 θ 属于某范围,另一个则是依据大概率事件确信某区域包含参数 θ 的真值.

如考察置信区间和双边检验之间的对应关系.设 $X_1, X_2, \cdots, X_n$ 为一个来自总体的样本,Θ 为参数 θ 的可能取值范围.设 $\underline{\theta} = \underline{\theta}(X_1, X_2, \cdots, X_n)$、$\overline{\theta} = \overline{\theta}(X_1, X_2, \cdots, X_n)$ 是参数 θ 的一个置信水平为 $1 - \alpha$ 的置信区间,则对于任意的 $\theta \in \Theta$,有

$$P_\theta \{\underline{\theta}(X_1, X_2, \cdots, X_n) < \theta < \overline{\theta}(X_1, X_2, \cdots, X_n)\} \geqslant 1 - \alpha \qquad (8\text{-}8)$$

考虑显著性水平为 α 的双边检验

$$H_0 : \theta = \theta_0, \quad H_1 : \theta \neq \theta_0$$

由式(8-8),

$$P_{\theta_0}\{\underline{\theta}(X_1,X_2,\cdots,X_n)<\theta_0<\bar{\theta}(X_1,X_2,\cdots,X_n)\}\geqslant 1-\alpha$$

即有

$$P_{\theta_0}\{(\theta_0\leqslant\underline{\theta}(X_1,X_2,\cdots,X_n))\bigcup(\theta_0\geqslant\bar{\theta}(X_1,X_2,\cdots,X_n))\}\leqslant\alpha.$$

按显著性水平 α 的假设检验的拒绝域的定义,检验假设的拒绝域为

$$\theta_0\leqslant\underline{\theta}(x_1,x_2,\cdots,x_n)\ \text{或}\ \theta_0\geqslant\bar{\theta}(x_1,x_2,\cdots,x_n).$$

接受域为

$$\underline{\theta}(x_1,x_2,\cdots,x_n)<\theta_0<\bar{\theta}(x_1,x_2,\cdots,x_n).$$

这就是说,当我们要检验假设时,先求出 θ 的一个置信水平为 $1-\alpha$ 的置信区间 $(\underline{\theta},\bar{\theta})$,然后考察区间 $(\underline{\theta},\bar{\theta})$ 是否包含 θ_0,若 $\theta_0\in(\underline{\theta},\bar{\theta})$ 则接受 H_0,若 $\theta_0\notin(\underline{\theta},\bar{\theta})$ 则拒绝 H_0.

反之,对于任意 $\theta_0\in\Theta$,考虑显著性水平为 α 的假设检验问题

$$H_0:\theta=\theta_0,\quad H_1:\theta\neq\theta_0,$$

假设它的接受域为

$$\underline{\theta}(x_1,x_2,\cdots,x_n)<\theta_0<\bar{\theta}(x_1,x_2,\cdots,x_n),$$

即有

$$P_{\theta_0}\{\underline{\theta}(X_1,X_2,\cdots,X_n)<\theta_0<\bar{\theta}(X_1,X_2,\cdots,X_n)\}\geqslant 1-\alpha.$$

考虑 θ_0 的任意性,由上式知对于任意 $\theta\in\Theta$,有

$$P_{\theta}\{\underline{\theta}(X_1,X_2,\cdots,X_n)<\theta<\bar{\theta}(X_1,X_2,\cdots,X_n)\}\geqslant 1-\alpha.$$

因此 $(\underline{\theta}(X_1,X_2,\cdots,X_n),\bar{\theta}(X_1,X_2,\cdots,X_n))$ 是参数 θ 的一个置信水平为 $1-\alpha$ 的置信区间.

这就是说,要求参数 θ 的一个置信水平为 $1-\alpha$ 的置信区间,我们可先求出显著性水平为 α 的假设检验问题 $H_0:\theta=\theta_0$,$H_1:\theta\neq\theta_0$ 的接受域 $\underline{\theta}(x_1,x_2,\cdots,x_n)<\theta_0<\bar{\theta}(x_1,x_2,\cdots,x_n)$,那么 $(\underline{\theta}(X_1,X_2,\cdots,X_n),\bar{\theta}(X_1,X_2,\cdots,X_n))$ 就是 θ 的置信水平为 $1-\alpha$ 的置信区间.

还可验证,置信水平为 $1-\alpha$ 的单侧置信区间 $(-\infty,\bar{\theta}(X_1,X_2,\cdots,X_n))$ 与显著性水平为 α 的左边检验问题 $H_0:\theta\geqslant\theta_0$,$H_1:\theta<\theta_0$ 有类似的对应关系.即若求得单侧置信区间 $(-\infty,\bar{\theta}(X_1,X_2,\cdots,X_n))$,则当 $\theta_0\in(-\infty,\bar{\theta}(X_1,X_2,\cdots,X_n))$ 时接受 H_0,当 $\theta_0\notin(-\infty,\bar{\theta}(X_1,X_2,\cdots,X_n))$ 时拒绝 H_0.反之,若已求得检验问题 $H_0:\theta\geqslant\theta_0$,$H_1:\theta<\theta_0$ 的接受域为 $-\infty<\theta_0<\bar{\theta}(X_1,X_2,\cdots,X_n)$,则可得 θ 的一个单侧置信区间 $(-\infty,\bar{\theta}(X_1,X_2,\cdots,X_n))$.

同理,置信水平为 $1-\alpha$ 的单侧置信区间 $(\underline{\theta}(X_1,X_2,\cdots,X_n),+\infty)$ 与显著性水平为 α 的右边检验问题 $H_0:\theta\leqslant\theta_0$,$H_1:\theta>\theta_0$ 也有着类似的对应关系.

习题八

A 组

一、填空题

1. 设样本 $X_1, X_2, \cdots, X_n$ 来自正态总体 $N(\mu, 9)$，假设检验问题为 $H_0: \mu = 0, H_1: \mu \neq 0$，则在显著性水平 α 下，检验的拒绝域 $R = $ _____.

2. 设 0.05 是假设检验中犯第 I 类错误的概率，H_0 为原假设，则 $P\{拒绝\ H_0 | H_0\ 真\} = $ _____.

3. 设样本 $X_1, X_2, \cdots, X_n$ 来自正态总体 $N(\mu, \sigma^2)$，且 σ^2 未知. $\bar{x}$ 为样本均值，s^2 为样本方差. 假设检验问题为 $H_0: \mu = 1, H_1: \mu \neq 1$，则采用的检验统计量为 _____.

4. 设总体 $X \sim N(\mu, \sigma^2)$，μ 未知，$X_1, X_2, \cdots, X_n$ 为样本，$S^2 = \dfrac{1}{n-1} \sum_{i=1}^{n} (X_i - \bar{X})^2$，检验假设 $H_0: \sigma^2 = \sigma_0^2$ 时采用的统计量是 _____.

5. 设两个正态总体 $X \sim N(\mu_1, \sigma_1^2)$，$Y \sim N(\mu_2, \sigma_2^2)$，其中 $\sigma_1^2 = \sigma_2^2 = \sigma^2$ 且均未知，检验 $H_0: \mu_1 = \mu_2, H_1: \mu_1 \neq \mu_2$，分别从 X, Y 两个总体中取出 9 个和 16 个样本，其中，计算得 $\bar{x} = 572.3, \bar{y} = 569.1$，样本方差 $s_1^2 = 149.25, s_2^2 = 141.2$，则 t 检验中统计量 $t = $ _____（要求计算出具体数值）.

二、解答题

1. 假设某校考生数学成绩服从正态分布，随机抽取 25 位考生的数学成绩，算得平均成绩 $\bar{x} = 61$ 分，标准差 $s = 15$ 分. 在显著性水平 $\alpha = 0.05$ 下，是否可以认为全体考生的数学平均成绩为 70 分？

2. 设某厂生产的食盐的袋装质量服从正态分布 $N(\mu, \sigma^2)$（单位：g），已知 $\sigma^2 = 9$. 在生产过程中随机抽取 16 袋食盐，测得平均袋装质量 $\bar{x} = 496$. 问在显著性水平 $\alpha = 0.05$ 下，是否可以认为该厂生产的袋装食盐的平均袋装质量为 500？

3. 按照质量要求，某果汁中的维生素含量应该超过 50（单位：mg），现随机抽取 9 件同型号的产品进行测量，得到结果如下：

    45.1，47.6，52.2，46.9，49.4，50.3，44.6，47.5，48.4

根据长期经验和质量要求，该产品维生素含量服从正态分布 $N(\mu, 1.5^2)$，在 $\alpha = 0.01$ 下检验该产品维生素含量是否显著低于质量要求？

4. 某公司对产品价格进行市场调查，如果顾客估价的调查结果与公司定价有较大差异，则需要调整产品定价. 假定顾客对产品估价为 X 元，根据以往长期统计资料表明顾客对产品估价 $X \sim N(35, 102)$，所以公司定价为 35 元. 今年随机抽取 400 个顾客进行统计调查，平均估价为 31 元. 在 $\alpha = 0.01$ 下检验估价是否显著减小，是否需要调整产品价格？

5. 已知某厂生产的一种元件,其寿命服从均值 $\mu_0=120$,方差 $\sigma_0^2=9$ 的正态分布. 现采用一种新工艺生产该种元件,并随机取 16 个元件,测得样本均值 $\bar{x}=123$,从生产情况看,寿命波动无变化. 试判断采用新工艺生产的元件平均寿命较以往有无显著变化?

6. 设某商场的日营业额为 X,已知在正常情况下 X 服从正态分布 $N(3.864,0.2)$. 十一黄金周的前五天营业额(单位:万元)分别为:

$$4.28,4.40,4.42,4.35,4.37$$

假设标准差不变,问十一黄金周是否显著增加了商场的营业额.(取 $\alpha=0.01$)

7. 某日从饮料生产线随机抽取 16 瓶饮料,分别测得质量(单位:g)后算出样本均值 $\bar{x}=502.92$ 及样本标准差 $s=12$. 假设瓶装饮料的质量服从正态分布 $N(\mu,\sigma^2)$,其中 σ^2 未知,问该日生产的瓶装饮料的平均质量是否为 500?($\alpha=0.05$)

8. 在正常情况下,某炼钢厂的铁水含碳量(%)X 服从 $N(4.55,\sigma^2)$. 一日测得 5 个锅炉中铁水含碳量如下:

$$4.48,\quad 4.40,\quad 4.42,\quad 4.45,\quad 4.47$$

在显著性水平 $\alpha=0.05$ 下,试问该日铁水含碳量的均值是否有明显变化?

9. 根据某地环境保护法规定,倾入河流的废物中某种有毒化学物质含量不得超过 3 ppm. 该地区环保组织对某厂连日倾入河流的废物中该物质的含量的记录为:x_1,x_2,$\cdots,x_{15}$. 经计算得 $\sum\limits_{i=1}^{15} x_i=48$,$\sum\limits_{i=1}^{15} x_i^2=156.26$. 试判断该厂是否符合环保法的规定.(设该有毒化学物质含量 X 服从正态分布,$\alpha=0.05$)

10. 某自动机床加工套筒的直径 X 服从正态分布. 现从加工的这批套筒中任取 5 个,测得直径分别为 $x_1,x_2,\cdots,x_5$(单位:μm),经计算得到 $\sum\limits_{i=1}^{5} x_i=124$,$\sum\limits_{i=1}^{5} x_i^2=3139$. 试问这批套筒直径的方差与规定的 $\sigma^2=7$ 有无显著差别?(显著性水平 $\alpha=0.01$)

11. 某纺织厂进行轻浆试验,根据长期正常生产的累积资料,知道该厂单台布机的经纱断头率(每小时平均断经根数)服从 $N(9.73,1.6^2)$. 现在把经纱上浆率降低 20%,抽取 200 台布机进行试验,结果平均每台布机的经纱断头率为 9.89,如果认为上浆率降低后均方差不变,问断头率是否受到显著影响(显著水平 $\alpha=0.05$)?

12. 某厂生产一种工业用绳,其质量指标是绳子所承受的最大拉力. 假定该指标服从正态分布,且该厂原来生产的绳子指标均值 $\mu=15$(单位:kg),采用一种新原材料后,厂方称这种原材料能提高绳子的质量. 为检测厂方的结论是否真实,从其新产品中随机抽取 45 件,测得它们所承受的最大拉力的平均值为 15.8,样本标准差 $S=0.5$. 取显著性水平 $\alpha=0.01$,试问这些样本能否接受厂方的结论?

13. 已知某果园每株梨树的产量 X(单位:kg)服从正态分布 $N(240,\sigma^2)$,今年雨量有些偏少,在收获季节从果园一片梨树林中随机抽取 6 株,测算其平均产量为 220,产量方差为 662.4,试在显著性水平 $\alpha=0.05$ 下,检验:

(1)今年果园每株梨树的平均产量 μ 的取值为 240 能否成立？

(2)若 $X \sim N(240, 200)$，能否认为今年果园每株梨树的产量的方差 σ^2 有显著改变？

14.设某车间生产铜丝的折断力指标 X 服从正态分布 $N(\mu, \sigma^2)$，现从产品中随机抽取 10 根，检查折断力，测得数据如下（单位：kg）

$$578, \quad 562, \quad 570, \quad 566, \quad 572, \quad 572, \quad 570, \quad 572, \quad 596, \quad 604$$

在显著性水平 $\alpha = 0.05$ 下，检验现在产品折断力的方差是否与 64 有显著差异？

B 组

一、选择题

1.已知正态总体 $X \sim N(a, \sigma_x^2)$ 和 $Y \sim N(b, \sigma_y^2)$ 相互独立，其中 4 个分布参数都未知．设 $X_1, X_2, \cdots, X_m$ 和 $Y_1, Y_2, \cdots, Y_n$ 是分别来自 X、Y 的简单随机样本，样本均值分别为 $\overline{X}$、$\overline{Y}$，样本方差相应为 S_x^2、S_y^2，则检验假设 $H_0: a \leqslant b$ 使用 t 检验的前提条件是（　　）.

A.$\sigma_x^2 \leqslant \sigma_y^2$　　　　　　　　　　B.$S_x^2 \leqslant S_y^2$

C.$\sigma_x^2 = \sigma_y^2$　　　　　　　　　　D.$S_x^2 = S_y^2$

2.在假设检验问题中，如果原假设 H_0 的否定域为 C，那么样本值 $(x_1, x_2, \cdots, x_n)$ 只可能有下列四种情况，其中拒绝 H_0 且不犯错误的是（　　）.

A.H_0 成立，$(x_1, \cdots, x_n) \in C$　　　　B.H_0 成立，$(x_1, \cdots, x_n) \notin C$

C.H_0 不成立，$(x_1, \cdots, x_n) \in C$　　　D.H_0 不成立，$(x_1, \cdots, x_n) \notin C$

3.对正态总体的数学期望 μ 进行假设检验，如果在显著水平 0.05 下接受 $H_0: \mu = \mu_0$，那么在显著水平 0.01 下，下列结论中正确的是（　　）.

A.不接受，也不拒绝 H_0　　　　　　B.可能接受 H_0，也可能拒绝 H_0

C.必拒绝 H_0　　　　　　　　　　D.必接受 H_0

二、解答题

1.某城市每天因交通事故伤亡的人数服从泊松分布，根据长期统计资料，每天伤亡人数均值为 3 人．近一年来，采用交通管理措施，据 300 天的统计，每天平均伤亡人数为 2.7 人．问能否认为每天平均伤亡人数显著减少？

2.设总体 X 服从正态分布 $X \sim N(\mu, 36)$，未知参数 μ 只可能取 8 或 11 两个值，$X_1, X_2, \cdots, X_n$ 是取自总体 X 的样本，给定显著性水平 α，检验假设为 $H_0: \mu = 8, H_1: \mu = 11$，拒绝域 $R = \left\{ z = \dfrac{\overline{x} - 8}{6/\sqrt{n}} > \lambda \right\}$，$\lambda$ 满足 $P\{Z > \lambda\} = \alpha$，其中 $Z \sim N(0, 1)$.

(1)对于该检验法，根据给定 α 求犯第二类错误的概率 β；

(2)对于给定 $\alpha = 0.05$ 与 $\alpha = 0.01$，分别求出犯第二类错误的概率 β；

(3)如果 $\alpha = 0.05$，要控制 $\beta \leqslant 0.05$，样本容量 n 为多少？

3.某厂生产一种螺钉，标准要求长度是 68 mm，实际生产的产品，其长度服从 $N(\mu, 3.6^2)$，考察假设检验问题 $H_0: \mu = 68, H_1: \mu \neq 68$．设 $\overline{X}$ 为样本均值，按下列方式进行

假设检验:当 $|\bar{x}-68|>1$ 时,拒绝原假设 H_0;当 $|\bar{x}-68|\leqslant 1$ 时,接受原假设 H_0.

(1)当样本容量 $n=36$ 时,求犯第 I 类错误的概率 α;

(2)当样本容量 $n=64$ 时,求犯第 I 类错误的概率 α;

(3)当 H_0 不成立时(设 $\mu=70$),又 $n=64$ 时,按上述检验法,求犯第 II 类错误的概率 β.

4.某产品的次品率为 0.17,现对此产品进行了新工艺试验,从中抽取 400 件检查,发现次品 56 件,能否认为这项新工艺显著性地影响产品质量($\alpha=0.05$)?

5.已知某种电子元件的使用寿命 X 服从指数分布 $E(\lambda)$,现抽查 100 个元件,得样本均值 $\bar{x}=950(\mathrm{h})$,能否认为参数 $\lambda=0.01$($\alpha=0.05$)?

第9章 线性回归分析

回归分析是数理统计中常用的统计方法,它在日常生活中有广泛的用途.在这一章里,我们介绍回归方法的有关内容,着重介绍线性回归方法中的一元线性回归方法.简单介绍非线性回归的线性化方法和多元线性回归方法.

9.1　一元线性回归

9.1.1　数据的相关性

在实际问题中,我们经常会遇到有关数量关系的问题,比如人的血压与年龄的关系,年龄越大血压相对会越高;还有身高与体重的关系,虽然身高不能确定体重,但相对来说,身高越高,体重也会越重.这些数量关系就是一种相关关系.如果用 x 表示身高,y 表示体重,则 y 与 x 就有相关关系了.

如果我们对若干人进行身高和体重的测量,就可以得到一组成对出现的数据:$(x_1, y_1), (x_2, y_2), \cdots, (x_n, y_n)$,我们称其为样本量.如果我们以 $(x_i, y_i) i = 1 \cdots n$ 作为坐标在直角坐标系上做出散点图,可以看出这些点会分布在一条直线的附近.这些点的线性相关程度可以由相关系数 ρ_{xy} 来体现.

9.1.2　相关系数

我们用 $\overline{x}_n = \dfrac{1}{n} \sum\limits_{i=1}^{n} x_i$ 和 $\overline{y}_n = \dfrac{1}{n} \sum\limits_{i=1}^{n} y_i$ 分别表示样本的两个均值;$S_x^2 = \dfrac{1}{n-1} \sum\limits_{i=1}^{n} (x_i - \overline{x})^2$ 和 $S_y^2 = \dfrac{1}{n-1} \sum\limits_{i=1}^{n} (y_i - \overline{y})^2$ 分别表示样本的方差;$S_x = \sqrt{S_x^2}$ 和 $S_y = \sqrt{S_y^2}$ 分别表示样本的标准差;$S_{xy} = \dfrac{1}{n-1} \sum\limits_{i=1}^{n} (x_i - \overline{x})(y_i - \overline{y})$ 为两个样本的协方差.(注:样本方差和协

方差也可以用 $\dfrac{1}{n}$ 来计算）

定义 当 S_x、$S_y \neq 0$ 时，我们称 $\rho_{xy} = \dfrac{S_{xy}}{S_x S_y}$ 为 $\{x_i\}$、$\{y_i\}$ 的样本相关系数.

性质 （1）$|\rho_{xy}| \leqslant 1 : -1 \leqslant \rho_{xy} \leqslant 1$

（2）当 $\rho_{xy} < 0$ 时，称 x_i 与 y_i 负相关；

（3）当 $\rho_{xy} > 0$ 时，称 x_i 与 y_i 正相关；

（4）当 $\rho_{xy} = 0$ 时，称 x_i 与 y_i 不相关；

（5）$|\rho_{xy}|$ 越接近于 1 时，则 x_i 与 y_i 构成的点越接近在一条直线上，正负为直线的斜率.

【例 9-1】 设一组数据 $\overline{x}_n = 171.388, \overline{y}_n = 1\,461.333, S_x = 9.966, S_y = 7.445, S_{xy} = 53.809$，求 ρ_{xy}.

解 $\rho_{xy} = \dfrac{S_{xy}}{S_x S_y} = \dfrac{53.809}{9.966 \times 7.445} \approx 0.725.$

9.1.3 一元线性回归方程

当 x 与 y 有相关关系，我们就可以通过已经取得的数据来求相关关系的直线：

$$l : y = a + bx,$$

这种把寻找线性方程的方法称为**一元线性回归**.

用最小二乘法可以证明：（证明省略）

$$\begin{cases} \hat{b} = \dfrac{S_{xy}}{S_x^2} \\[2mm] \hat{a} = \overline{y}_n - \hat{b}\,\overline{x}_n \end{cases}$$

在例 9-1 中

$$\begin{cases} \hat{b} = \dfrac{S_{xy}}{S_x^2} \approx \dfrac{53.809}{99.321} \approx 0.541\,8 \\[2mm] \hat{a} = \overline{y}_n - \hat{b}\,\overline{x}_n \approx 1\,368.475 \end{cases}$$

所以回归直线方程为 $l : \hat{y} = 1\,368.475 + 0.5418x.$

课堂练习

给 10 个高血压病人定量服用一种降压药 A，经过一段时间再给他们服用相同计量的降压药 B，观测各病人对两种药物引起的血压变化，称为该病人的响应，选择合适的单位度量它们，第 i 个人对 A 和 B 的响应分别记为 x_i 和 $y_i (i = 1, 2, \cdots, 10)$，记录如下：

i	1	2	3	4	5	6	7	8	9	10
x_i	1.9	0.8	1.1	0.1	-0.1	4.4	4.6	1.6	5.5	3.4
y_i	0.7	-1.0	-0.2	-1.2	-0.1	3.4	0.0	0.1	3.7	2.0

求病人对药物 B 的响应 y 和对药物 A 的响应 x 间的关系.

9.2　非线性回归的线性化方法

当 $(x_i,y_i)(i=1,\cdots,n)$ 的散点图呈现的不是直线形式,而是以曲线分布时,即 x 与 y 两个变量之间存在某种非线性关系,这时的回归方法就不是线性回归,而是曲线回归. 一般曲线回归有 6 种常见的回归曲线:

(1)双曲线:$\dfrac{1}{y}=a+\dfrac{b}{x}$;

(2)幂函数曲线:$y=ax^b(a>0,x>0)$;

(3)指数曲线:$y=ae^{bx}(a>0)$;

(4)倒指数曲线:$y=ae^{\frac{b}{x}}(a>0)$;

(5)对数曲线:$y=a+b\ln x(x>0)$;

(6)逻辑斯蒂克曲线:$y=\dfrac{1}{a+be^{-x}}$.

曲线回归的线性化方法:就是通过适当的变量替换,把曲线方程转换为线性方程,然后采用一元线性回归方法求出回归方程,再回代成曲线方程.

例如:

(1)$\dfrac{1}{y}=a+\dfrac{b}{x}$,令 $u=\dfrac{1}{x}$,$v=\dfrac{1}{y}$,则 $v=a+bu$. 由 $(x_i,y_i)(i=1,\cdots,n)$ 计算出 $u_i=\dfrac{1}{x_i}$,$v_i=\dfrac{1}{y_i}(i=1,\cdots,n)$,再利用最小二乘法估计出 $\hat{a}$、$\hat{b}$,则 $\dfrac{1}{y}=\hat{a}+\dfrac{\hat{b}}{x}$.

(2)$y=ax^b(a>0,x>0)$,两边取对数得 $\ln y=\ln a+b\ln x$,令 $u=\ln x$、$v=\ln y$,则 $v=\ln a+bu$.

(3)$y=\dfrac{1}{a+be^{-x}}$,注意到 $\dfrac{1}{y}=a+be^{-x}$,令 $u=e^{-x}$,$v=\dfrac{1}{y}$,则 $v=a+bu$.

9.3 多元线性回归

在实际问题中,随机变量 Y 有时会与多个设计变量 $x_1, x_2, \cdots, x_p$ 有关,比如某商品在某地区的需求量会与商品供给量、价格、该地区的人均收入、个人消费偏好、替代品等有关. 再比如某国家的 GDP 会与工业、农业、商业、旅游业等有关. 如果随机变量 Y 与多个设计变量 $x_1, x_2, \cdots, x_p$ 存在线性关系,我们用以下关系式

$$Y = b_0 + b_1 x_1 + b_2 x_2 + \cdots + b_p x_p + \varepsilon$$

表示**多元线性回归方程**. 其中 $b_0, b_1, b_2, \cdots, b_p$ 称为**回归系数**,ε 是随机误差,有 $E(\varepsilon) = 0$,$D(\varepsilon) = \sigma^2$.

对变量 $x_1, x_2, \cdots, x_p$ 和 Y 做 n 次观测,得到样本值:

$$(x_{i1}, \cdots, x_{ip}; y_i), i = 1, \cdots, n,$$

这里 $y_1, \cdots, y_n$ 同分布,且有

$$y_i = b_0 + b_1 x_{i1} + b_2 x_{i2} + \cdots + b_p x_{ip} + \varepsilon_i, i = 1, \cdots, n.$$

$E(\varepsilon_i) = 0, D(\varepsilon_i) = \sigma^2$. 为简化数学处理,可引进矩阵表示,记

$$\boldsymbol{Y} = \begin{bmatrix} y_1 \\ y_2 \\ \vdots \\ y_n \end{bmatrix}, \boldsymbol{X} = \begin{bmatrix} 1 & x_{11} & \cdots & x_{1p} \\ 1 & x_{21} & \cdots & x_{2p} \\ \vdots & \vdots & & \vdots \\ 1 & x_{n1} & \cdots & x_{np} \end{bmatrix}, \boldsymbol{B} = \begin{bmatrix} b_0 \\ b_1 \\ \vdots \\ b_p \end{bmatrix}, \boldsymbol{\varepsilon} = \begin{bmatrix} \varepsilon_1 \\ \varepsilon_2 \\ \vdots \\ \varepsilon_n \end{bmatrix},$$

则等式

$$y_i = b_0 + b_1 x_{i1} + b_2 x_{i2} + \cdots + b_p x_{ip} + \varepsilon_i, i = 1, \cdots, n.$$

可简单表示为

$$\boldsymbol{Y} = \boldsymbol{Xb} + \boldsymbol{\varepsilon}.$$

一般多元线性回归的重点在于寻求回归系数 $b_0, b_1, b_2, \cdots, b_p$.

利用最小二乘法可以证明:(证明省略)

(1) $E(\hat{\sigma^2}) = \sigma^2$;

(2) $\hat{B} \sim N(B, \sigma^2 (X^T X)^{-1})$;

(3) $\dfrac{(n-p-1)\hat{\sigma^2}}{\sigma^2} \sim \chi^2(n-p-1)$;

(4) $\hat{B}$ 与 $\hat{\sigma^2}$ 独立;

(5) $\hat{B} = (X^T X)^{-1} X^T Y$.

不管是一元线性回归方程还是多元线性回归方程都称为线性回归模型,对模型的检验以及模型的应用——模型的预测、预报和监控,读者可参阅其他参考书目,这里就不一一介绍了.

习题九

在铜丝含碳量对电阻效应的研究中,测得一批数据

含碳量 $x/\%$	0.10	0.30	0.40	0.55	0.70	0.80	0.95
电阻 $y/\mu\Omega/(20℃)$	15	18	19	21	22.6	23.8	26

设 Y 为正态分布的随机变量,求 y 关于 x 的线性回归方程.

参考文献

［1］ 黄春棋.《概率论与数理统计》.西安:西安交通大学出版社,2015.9

［2］ 盛骤等主编.《概率论与数理统计》.北京:高等教育出版社,2010.1.

［3］ 同济大学数学系.《工程数学－概率统计简明教程》.北京:高等教育出版社,2012.6

［4］ 同济大学数学系.《概率论与数理统计》.北京:人民邮电大学出版社,2017.3

［5］ 吴传生.《经济数学——概率论与数理统计》.北京:高等教育出版社,2016.1

［6］ 陈希孺.《概率论与数理统计》.北京:科学出版社,2017.12.

［7］ 葛余博.《概率论与数理统计》.北京:清华大学出版社,2017.9

［8］ 吴赣昌.《概率论与数理统计》.北京:中国人民大学出版社,2017.6

［9］ 严继高.《概率论与数理统计》.北京:高等教育出版社,2017.5

附　录

附表 1　标准正态分布表

$$\Phi(x) = P\{X \leqslant x\} = \int_{-\infty}^{x} \frac{1}{\sqrt{2\pi}} e^{-u^2/2} \, du$$

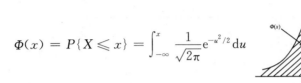

x	0	1	2	3	4	5	6	7	8	9
0.0	0.500 0	0.504 0	0.508 0	0.512 0	0.516 0	0.519 9	0.523 9	0.527 9	0.531 9	0.535 9
0.1	0.539 8	0.543 8	0.547 8	0.551 7	0.555 7	0.559 6	0.563 6	0.567 5	0.571 4	0.575 3
0.2	0.579 3	0.583 2	0.587 1	0.591 0	0.594 8	0.598 7	0.602 6	0.606 4	0.610 3	0.614 1
0.3	0.617 9	0.621 7	0.625 5	0.629 3	0.633 1	0.636 8	0.640 6	0.644 3	0.648 0	0.651 7
0.4	0.655 4	0.659 1	0.662 8	0.666 4	0.670 0	0.673 6	0.677 2	0.680 8	0.684 4	0.687 9
0.5	0.691 5	0.695 0	0.698 5	0.701 9	0.705 4	0.708 8	0.712 3	0.715 7	0.719 0	0.722 4
0.6	0.725 7	0.729 1	0.732 4	0.735 7	0.738 9	0.742 2	0.745 4	0.748 6	0.751 7	0.754 9
0.7	0.758 0	0.761 1	0.764 2	0.767 3	0.770 3	0.773 4	0.776 4	0.779 4	0.782 3	0.785 2
0.8	0.788 1	0.791 0	0.793 9	0.796 7	0.799 5	0.802 3	0.805 1	0.807 8	0.810 6	0.813 3
0.9	0.815 9	0.818 6	0.821 2	0.823 8	0.826 4	0.828 9	0.831 5	0.834 0	0.836 5	0.838 9
1.0	0.841 3	0.843 8	0.846 1	0.848 5	0.850 8	0.853 1	0.855 4	0.857 7	0.859 9	0.862 1
1.1	0.864 3	0.866 5	0.868 6	0.870 8	0.872 9	0.874 9	0.877 0	0.879 0	0.881 0	0.883 0
1.2	0.884 9	0.886 9	0.888 8	0.890 7	0.892 5	0.894 4	0.896 2	0.898 0	0.899 7	0.901 5
1.3	0.903 2	0.904 9	0.906 6	0.908 2	0.909 9	0.911 5	0.913 1	0.914 7	0.916 2	0.917 7
1.4	0.919 2	0.920 7	0.922 2	0.923 6	0.925 1	0.926 5	0.927 8	0.929 2	0.930 6	0.931 9
1.5	0.933 2	0.934 5	0.935 7	0.937 0	0.938 2	0.939 4	0.940 6	0.941 8	0.943 0	0.944 1
1.6	0.945 2	0.946 3	0.947 4	0.948 4	0.949 5	0.950 5	0.951 5	0.952 5	0.953 5	0.954 5
1.7	0.955 4	0.956 4	0.957 3	0.958 2	0.959 1	0.959 9	0.960 8	0.961 6	0.962 5	0.963 3
1.8	0.964 1	0.964 8	0.965 6	0.966 4	0.967 1	0.967 8	0.968 6	0.969 3	0.970 0	0.970 6
1.9	0.971 3	0.971 9	0.972 6	0.973 2	0.973 8	0.974 4	0.975 0	0.975 6	0.976 2	0.976 7
2.0	0.977 2	0.977 8	0.978 3	0.978 8	0.979 3	0.979 8	0.980 3	0.980 8	0.981 2	0.981 7
2.1	0.982 1	0.982 6	0.983 0	0.983 4	0.983 8	0.984 2	0.984 6	0.985 0	0.985 4	0.985 7
2.2	0.986 1	0.986 4	0.986 8	0.987 1	0.987 4	0.987 8	0.988 1	0.988 4	0.988 7	0.989 0
2.3	0.989 3	0.989 6	0.989 8	0.990 1	0.990 4	0.990 6	0.990 9	0.991 1	0.991 3	0.991 6
2.4	0.991 8	0.992 0	0.992 2	0.992 5	0.992 7	0.992 9	0.993 1	0.993 2	0.993 4	0.993 6
2.5	0.993 8	0.994 0	0.994 1	0.994 3	0.994 5	0.994 6	0.994 8	0.994 9	0.995 1	0.995 2
2.6	0.995 3	0.995 5	0.995 6	0.995 7	0.995 9	0.996 0	0.996 1	0.996 2	0.996 3	0.996 4
2.7	0.996 5	0.996 6	0.996 7	0.996 8	0.996 9	0.997 0	0.997 1	0.997 2	0.997 3	0.997 4
2.8	0.997 4	0.997 5	0.997 6	0.997 7	0.997 7	0.997 8	0.997 9	0.997 9	0.998 0	0.998 1
2.9	0.998 1	0.998 2	0.998 2	0.998 3	0.998 4	0.998 4	0.998 5	0.998 5	0.998 6	0.998 6
3.0	0.998 7	0.999 0	0.999 3	0.999 5	0.999 7	0.999 8	0.999 8	0.999 9	0.999 9	1.000 0

注:表中末行系标准正态分布函数值 $\Phi(3.0), \Phi(3.1), \cdots, \Phi(3.9)$.

附表2 χ^2分布表

$$P\{\chi^2(n) > \chi_\alpha^2(n)\} = \alpha$$

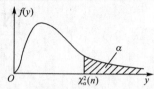

n	$\alpha=0.995$	0.99	0.975	0.95	0.90	0.75
1	—	—	0.001	0.004	0.016	0.102
2	0.010	0.020	0.051	0.103	0.211	0.575
3	0.072	0.115	0.216	0.352	0.584	1.213
4	0.207	0.297	1.484	0.711	1.064	1.923
5	0.412	0.554	0.831	1.145	1.610	2.675
6	0.676	0.872	1.237	1.635	2.204	3.455
7	0.989	1.239	1.690	2.167	2.833	4.255
8	1.344	1.646	2.180	2.733	3.490	5.071
9	1.735	2.088	2.700	3.325	4.168	5.899
10	2.156	2.558	3.247	3.940	4.865	6.737
11	2.603	3.053	3.816	4.575	5.578	7.584
12	3.074	3.571	4.404	5.226	6.304	8.438
13	3.565	4.107	5.009	5.892	7.042	9.299
14	4.075	4.660	5.629	6.571	7.790	10.165
15	4.601	5.229	6.262	7.261	8.547	11.037
16	5.142	5.812	6.908	7.962	9.312	11.912
17	5.697	6.408	7.564	8.672	10.085	12.792
18	6.265	7.015	8.231	9.390	10.865	13.675
19	6.844	7.633	8.907	10.117	11.651	14.562
20	7.434	8.260	9.591	10.851	12.443	15.452
21	8.034	8.897	10.283	11.591	13.240	16.344
22	8.643	9.542	10.982	12.338	14.042	17.240
23	9.260	10.196	11.689	13.091	14.848	18.137
24	9.886	10.856	12.401	13.848	15.659	19.037
25	10.520	11.524	13.120	14.611	16.473	19.939
26	11.160	12.198	13.844	15.379	17.292	20.843
27	11.808	12.879	14.573	16.151	18.114	21.749
28	12.461	13.565	15.308	16.928	18.939	22.657
29	13.121	14.257	16.047	17.708	19.768	23.567
30	13.787	14.954	16.791	18.493	20.599	24.478

（续表）

n	α=0.995	0.99	0.975	0.95	0.90	0.75
31	14.458	15.655	17.539	19.281	21.434	25.390
32	15.134	16.362	18.291	20.072	22.271	26.304
33	15.815	17.074	19.047	20.807	23.110	27.219
34	16.501	17.789	19.806	21.664	23.952	28.136
35	17.192	18.509	20.569	22.465	24.797	29.054
36	17.887	19.233	21.336	23.269	25.613	29.973
37	18.586	19.960	22.106	24.075	26.492	30.893
38	19.289	20.691	22.878	24.884	27.343	31.815
39	19.996	21.426	23.654	25.695	38.196	32.737
40	20.707	22.164	24.433	26.509	29.051	33.660
41	21.421	22.906	25.215	27.326	29.907	34.585
42	22.138	23.650	25.999	28.144	30.765	35.510
43	22.859	24.398	26.785	28.965	31.625	36.430
44	23.584	25.143	27.575	29.787	32.487	37.363
45	24.311	25.901	28.366	30.612	33.350	38.291
n	α=0.25	0.10	0.05	0.025	0.01	0.005
1	1.323	2.706	3.841	5.024	6.635	7.879
2	2.773	4.605	5.991	7.378	9.210	10.597
3	4.108	6.251	7.815	9.348	11.345	12.838
4	5.385	7.779	9.488	11.143	13.277	14.860
5	6.626	9.236	11.071	12.833	15.086	16.750
6	7.841	10.645	12.592	14.449	16.812	18.548
7	9.037	12.017	14.067	16.013	18.475	20.278
8	10.219	13.362	15.507	17.535	20.090	21.955
9	11.389	14.684	16.919	19.023	21.666	23.589
10	12.549	15.987	18.307	20.483	23.209	25.188
11	13.701	17.275	19.675	21.920	24.725	26.757
12	14.845	18.549	21.026	23.337	26.217	28.299
13	15.984	19.812	22.362	24.736	27.688	29.819
14	17.117	21.064	23.685	26.119	29.141	31.319
15	18.245	22.307	24.996	27.488	30.578	32.801
16	19.369	23.542	26.296	28.845	32.000	34.267
17	20.489	24.769	27.587	30.191	33.409	35.718
18	21.605	25.989	28.869	31.526	34.805	37.156
19	22.718	27.204	30.144	32.852	36.191	38.582
20	23.828	28.412	31.410	34.170	37.566	39.997
21	24.935	29.615	32.671	35.479	38.932	41.401

（续表）

n	$\alpha=0.25$	0.10	0.05	0.025	0.01	0.005
22	26.039	30.813	33.924	36.781	40.289	42.796
23	27.141	32.007	35.172	38.076	41.638	44.181
24	28.241	33.196	36.415	39.364	42.980	45.559
25	29.339	34.382	37.652	40.646	44.314	46.928
26	30.435	35.563	38.885	41.923	45.642	48.290
27	31.528	36.741	40.113	43.194	46.963	49.645
28	32.620	37.916	41.337	44.461	48.278	50.993
29	33.711	39.087	42.557	45.722	49.588	52.336
30	34.800	40.256	43.773	46.979	50.892	53.672
31	35.887	41.422	44.985	48.232	52.191	55.003
32	36.973	42.585	46.194	49.480	53.486	56.328
33	38.053	43.745	47.400	50.725	54.776	57.648
34	39.141	44.903	48.602	51.966	56.061	58.964
35	40.223	46.059	49.802	53.203	57.342	60.275
36	41.304	47.212	50.998	54.437	58.619	61.581
37	42.383	18.363	52.192	55.668	59.892	62.883
38	43.462	49.513	53.384	56.896	61.162	64.181
39	44.539	50.660	54.572	58.120	62.428	65.476
40	45.616	51.805	55.758	59.342	63.691	66.766
41	46.692	52.949	53.942	60.561	64.950	68.053
42	47.766	54.090	58.124	61.777	66.206	69.336
43	48.840	55.230	59.304	62.990	67.459	70.606
44	49.913	56.369	60.481	64.201	68.710	71.893
45	50.985	57.505	61.656	65.410	69.957	73.166

附表 3　*t* 分布表

$P\{t(n)>t_a(n)\}=a$

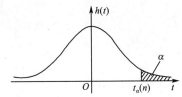

n	$\alpha=0.25$	$\alpha=0.20$	0.15	0.10	0.05	0.025	0.01	0.005
1	1.000	1.376	1.963	3.077 7	6.313 8	12.706 2	31.820 7	63.657 4
2	0.816 5	1.061	1.386	1.885 6	2.920 0	4.302 7	6.964 6	9.924 8
3	0.764 9	0.978	1.250	1.637 7	2.353 4	3.182 4	4.540 7	5.840 9
4	0.740 7	0.941	1.190	1.533 2	2.131 8	2.776 4	3.746 9	4.604 1
5	0.726 7	0.920	1.156	1.475 9	2.015 0	2.570 6	3.364 9	4.032 2
6	0.717 6	0.906	1.134	1.439 8	1.943 2	2.446 9	3.142 7	3.707 4
7	0.711 1	0.896	1.119	1.414 9	1.894 6	2.364 6	2.998 0	3.499 5
8	0.706 4	0.889	1.108	1.396 8	1.859 5	2.306 0	2.896 5	3.355 4
9	0.702 7	0.883	1.100	1.383 0	1.833 1	2.262 2	2.821 4	3.249 8
10	0.699 8	0.879	1.093	1.372 2	1.812 5	2.228 1	2.763 8	3.169 3
11	0.697 4	0.876	1.088	1.363 4	1.795 9	2.201 0	2.718 1	3.105 8
12	0.695 5	0.873	1.083	1.356 2	1.782 3	2.178 8	2.681 0	3.054 5
13	0.693 8	0.870	1.097	1.350 2	1.770 9	2.160 4	2.650 3	3.012 3
14	0.692 4	0.868	1.076	1.345 0	1.761 3	2.144 8	2.624 5	2.976 8
15	0.691 2	0.866	1.074	1.340 6	1.753 1	2.131 5	2.602 5	2.946 7
16	0.690 1	0.865	1.071	1.336 8	1.745 9	2.119 9	2.583 5	2.920 8
17	0.689 2	0.863	1.069	1.333 4	1.739 6	1.109 8	2.566 9	2.898 2
18	0.688 4	0.862	1.067	1.330 4	1.734 1	2.100 9	2.552 4	2.878 4
19	0.687 6	0.861	1.066	1.327 7	1.729 1	2.093 0	2.539 5	2.860 9
20	0.687 0	0.860	1.064	1.325 3	1.724 7	2.086 0	2.528 0	2.845 3
21	0.686 4	0.859	1.063	1.323 2	1.720 7	2.079 6	2.517 7	2.831 4
22	0.685 8	0.858	1.061	1.321 2	1.717 1	2.073 9	2.508 3	2.818 8
23	0.685 3	0.858	1.060	1.319 5	1.713 9	2.068 7	2.499 9	2.807 3
24	0.684 8	0.857	1.059	1.317 8	1.710 9	2.063 9	2.492 2	2.796 9
25	0.684 4	0.856	1.058	1.316 3	1.708 1	2.059 5	2.485 1	2.787 4
26	0.684 0	0.856	1.058	1.315 0	1.705 8	2.055 5	2.478 6	2.778 7
27	0.683 7	0.855	1.057	1.313 7	1.703 3	2.051 8	2.472 7	2.770 7
28	0.683 4	0.855	1.056	1.312 5	1.701 1	2.048 4	2.467 1	2.763 3
29	0.683 0	0.854	1.055	1.311 4	1.699 1	2.045 2	2.462 0	2.756 4
30	0.682 8	0.854	1.055	1.310 4	1.697 3	2.042 3	2.457 3	2.750 0

（续表）

n	α＝0.25	α＝0.20	0.15	0.10	0.05	0.025	0.01	0.005
31	0.682 5	0.853 5	1.054 1	1.309 5	1.695 5	2.039 5	2.452 8	2.744 0
32	0.682 2	0.853 1	1.053 6	1.308 6	1.693 9	2.036 9	2.448 7	2.738 5
33	0.682 0	0.852 7	1.053 1	1.307 7	1.692 4	2.034 5	2.444 8	2.733 3
34	0.681 8	0.852 4	1.052 6	1.307 0	1.690 9	2.032 2	2.441 1	2.728 4
35	0.681 6	0.852 1	1.052 1	0.306 2	1.689 6	2.030 1	2.437 7	2.723 8
36	0.681 4	0.851 8	1.051 6	1.305 5	1.688 3	2.028 1	2.434 5	2.715 9
37	0.681 2	0.851 5	1.051 2	1.304 9	1.687 1	2.026 2	2.431 4	2.715 4
38	0.681 0	0.851	1.050 8	1.304 2	1.686 0	2.024 4	2.428 6	2.711 6
39	0.680 8	0.851 0	1.050 4	1.303 6	1.684 9	2.022 7	2.425 8	2.707 9
40	0.680 7	0.850 7	1.050 1	1.303 1	1.683 9	2.021 1	2.423 3	2.704 5
41	0.680 5	0.850 5	1.049 8	1.302 5	1.682 9	2.019 5	2.420 8	2.701 2
42	0.680 4	0.850 3	1.049 4	1.302 0	1.682 0	2.018 1	2.418 5	2.698 1
43	0.680 2	0.850 1	1.049 1	1.301 6	1.681 1	2.016 7	2.416 3	2.695 1
44	0.680 1	0.849 9	1.048 8	1.301 1	1.680 2	2.015 4	2.414 1	2.692 3
45	0.680 0	0.849 7	1.048 5	1.300 6	1.679 4	2.014 1	2.412 1	2.689 6

附表4　F分布表

$$P\{F(n_1,n_2)>F_\alpha(n_1,n_2)\}=\alpha$$

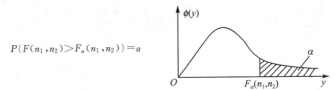

$\alpha=0.10$

n_1 \ n_2	1	2	3	4	5	6	7	8	9	10	12	15	20	24	30	40	60	120	∞
1	39.86	49.50	53.59	55.83	57.24	58.20	58.91	59.44	59.86	60.19	60.71	61.22	61.74	62.00	62.26	62.53	62.79	63.06	63.33
2	8.53	9.00	9.16	9.24	9.29	9.33	9.35	9.37	9.38	9.39	9.41	9.42	9.44	9.45	9.46	9.47	9.47	9.48	9.49
3	5.54	5.46	5.39	5.34	5.31	5.28	5.27	5.25	5.24	5.23	5.22	5.20	5.18	5.18	5.17	5.16	5.15	5.14	5.13
4	4.54	4.32	4.19	4.11	4.05	4.01	3.98	3.95	3.94	3.92	3.90	3.87	3.84	3.83	3.82	3.80	3.79	3.78	3.76
5	4.06	3.78	3.62	3.52	3.45	3.40	3.37	3.34	3.32	3.30	3.27	3.24	3.21	3.19	3.17	3.16	3.14	3.12	3.10
6	3.78	3.46	3.29	3.18	3.11	3.05	3.01	2.98	2.96	2.94	2.90	2.87	2.84	2.82	2.80	2.78	2.76	2.74	2.72
7	3.59	3.26	3.07	2.96	2.88	2.83	2.78	2.75	2.72	2.70	2.67	2.63	2.59	2.58	2.56	2.54	2.51	2.49	2.47
8	3.46	3.11	2.92	2.81	2.73	2.67	2.62	2.59	2.56	2.54	2.50	2.46	2.42	2.40	2.38	2.36	2.34	2.32	2.29
9	3.36	3.01	2.81	2.69	2.61	2.55	2.51	2.47	2.44	2.42	2.38	2.34	2.30	2.28	2.25	2.23	2.21	2.18	2.16
10	3.29	2.92	2.73	2.61	2.52	2.46	2.41	2.38	2.35	2.32	2.28	2.24	2.20	2.18	2.16	2.13	2.11	2.08	2.06
11	3.23	2.86	2.66	2.54	2.45	2.39	2.34	2.30	2.27	2.25	2.21	2.17	2.12	2.10	2.08	2.05	2.03	2.00	1.97
12	3.18	2.81	2.61	2.48	2.39	2.33	2.28	2.24	2.21	2.19	2.15	2.10	2.06	2.04	2.01	1.99	1.96	1.93	1.90
13	3.14	2.76	2.56	2.43	2.35	2.28	2.23	2.20	2.16	2.14	2.10	2.05	2.01	1.98	1.96	1.93	1.90	1.88	1.85
14	3.10	2.73	2.52	2.39	2.31	2.24	2.19	2.15	2.12	2.10	2.05	2.01	1.96	1.94	1.91	1.89	1.86	1.83	1.80
15	3.07	2.70	2.49	2.36	2.27	2.21	2.16	2.12	2.09	2.06	2.02	1.97	1.92	1.90	1.87	1.85	1.82	1.79	1.76
16	3.05	2.67	2.46	2.33	2.24	2.18	2.13	2.09	2.06	2.03	1.99	1.94	1.89	1.87	1.84	1.81	1.78	1.75	1.72
17	3.03	2.64	2.44	2.31	2.22	2.15	2.10	2.06	2.03	2.00	1.96	1.91	1.86	1.84	1.81	1.78	1.75	1.72	1.69
18	3.01	2.62	2.42	2.29	2.20	2.13	2.08	2.04	2.00	1.98	1.93	1.89	1.84	1.81	1.78	1.75	1.72	1.69	1.66
19	2.99	2.61	2.40	2.27	2.18	2.11	2.06	2.02	1.98	1.96	1.91	1.86	1.81	1.79	1.76	1.73	1.70	1.67	1.63
20	2.97	2.59	2.38	2.25	2.16	2.09	2.04	2.00	1.96	1.94	1.89	1.84	1.79	1.77	1.74	1.71	1.68	1.64	1.61
21	2.96	2.57	2.36	2.23	2.14	2.08	2.02	1.98	1.95	1.92	1.87	1.83	1.78	1.75	1.72	1.69	1.66	1.62	1.59
22	2.95	2.56	2.35	2.22	2.13	2.06	2.01	1.97	1.93	1.90	1.86	1.81	1.76	1.73	1.70	1.67	1.64	1.60	1.57
23	2.94	2.55	2.34	2.21	2.11	2.05	1.99	1.95	1.92	1.89	1.84	1.80	1.74	1.72	1.69	1.66	1.62	1.59	1.55
24	2.93	2.54	2.33	2.19	2.10	2.04	1.98	1.94	1.91	1.88	1.83	1.78	1.73	1.70	1.67	1.64	1.61	1.57	1.53
25	2.92	2.53	2.32	2.18	2.09	2.02	1.97	1.93	1.89	1.87	1.82	1.77	1.72	1.69	1.66	1.63	1.59	1.56	1.52
26	2.91	2.52	2.31	2.17	2.08	2.01	1.96	1.92	1.88	1.86	1.81	1.76	1.71	1.68	1.65	1.61	1.58	1.54	1.50
27	2.90	2.51	2.30	2.17	2.07	2.00	1.95	1.91	1.87	1.85	1.80	1.75	1.70	1.67	1.64	1.60	1.57	1.53	1.49
28	2.89	2.50	2.29	2.16	2.06	2.00	1.94	1.90	1.87	1.84	1.79	1.74	1.69	1.66	1.63	1.59	1.56	1.52	1.48
29	2.89	2.50	2.28	2.15	2.06	1.99	1.93	1.89	1.86	1.83	1.78	1.73	1.68	1.65	1.62	1.58	1.55	1.51	1.47
30	2.88	2.49	2.28	2.14	2.05	1.98	1.93	1.88	1.85	1.82	1.77	1.72	1.67	1.64	1.61	1.57	1.54	1.50	1.46
40	2.84	2.44	2.23	2.09	2.00	1.93	1.87	1.83	1.79	1.76	1.71	1.66	1.61	1.57	1.54	1.51	1.47	1.42	1.38
60	2.79	2.39	2.18	2.04	1.95	1.87	1.82	1.77	1.74	1.71	1.66	1.60	1.54	1.51	1.48	1.44	1.40	1.35	1.29
120	2.75	2.35	2.13	1.99	1.90	1.82	1.77	1.72	1.68	1.65	1.60	1.55	1.48	1.45	1.41	1.37	1.32	1.26	1.19
∞	2.71	2.30	2.08	1.94	1.85	1.77	1.72	1.67	1.63	1.60	1.55	1.49	1.42	1.38	1.34	1.30	1.24	1.17	1.00

$\alpha=0.05$

n_1 \ n_2	1	2	3	4	5	6	7	8	9	10	12	15	20	24	30	40	60	120	∞
1	161.4	199.5	215.7	224.6	230.2	234.0	236.8	238.9	240.5	241.9	243.9	245.9	248.0	249.1	250.1	251.1	252.2	253.3	254.3
2	18.51	19.00	19.16	19.25	19.30	19.33	19.35	19.37	19.38	19.40	19.41	19.43	19.45	19.45	19.46	19.47	19.48	19.49	19.50
3	10.13	9.55	9.28	9.12	9.01	8.94	8.89	8.85	8.81	8.79	8.74	8.70	8.66	8.64	8.62	8.59	8.57	8.55	8.53
4	7.71	6.94	6.59	6.39	6.26	6.16	6.09	6.04	6.00	5.96	5.91	5.86	5.80	5.77	5.75	5.72	5.69	5.66	5.63
5	6.61	5.79	5.41	5.19	5.05	4.95	4.88	4.82	4.77	4.74	4.68	4.62	4.56	4.53	4.50	4.46	4.43	4.40	4.36
6	5.99	5.14	4.76	4.53	4.39	4.28	4.21	4.15	4.10	4.06	4.00	3.94	3.87	3.84	3.81	3.77	3.74	3.70	3.67
7	5.59	4.74	4.35	4.12	3.97	3.87	3.79	3.73	3.68	3.64	3.57	3.51	3.44	3.41	3.38	3.34	3.30	3.27	3.23
8	5.32	4.46	4.07	3.84	3.69	3.58	3.50	3.44	3.39	3.35	3.28	3.22	3.15	3.12	3.08	3.04	3.01	2.97	2.93
9	5.12	4.26	3.86	3.63	3.48	3.37	3.29	3.23	3.18	3.14	3.07	3.01	2.94	2.90	2.86	2.83	2.79	2.75	2.71
10	4.96	4.10	3.71	3.48	3.33	3.22	3.14	3.07	3.02	2.98	2.91	2.85	2.77	2.74	2.70	2.66	2.62	2.58	2.54

（续表）

n_2 \ n_1	1	2	3	4	5	6	7	8	9	10	12	15	20	24	30	40	60	120	∞
11	4.84	3.98	3.59	3.36	3.20	3.09	3.01	2.95	2.90	2.85	2.79	2.72	2.65	2.61	2.57	2.53	2.49	2.45	2.40
12	4.75	3.89	3.49	3.26	3.11	3.00	2.91	2.85	2.80	2.75	2.69	2.62	2.54	2.51	2.47	2.43	2.38	2.34	2.30
13	4.67	3.81	3.41	3.18	3.03	2.92	2.83	2.77	2.71	2.67	2.60	2.53	2.46	2.42	2.38	2.34	2.30	2.25	2.21
14	4.60	3.74	3.34	3.11	2.96	2.85	2.76	2.70	2.65	2.60	2.53	2.46	2.39	2.35	2.31	2.27	2.22	2.18	2.13
15	4.54	3.68	3.29	3.06	2.90	2.79	2.71	2.64	2.59	2.54	2.48	2.40	2.33	2.29	2.25	2.20	2.16	2.11	2.07
16	4.49	3.63	3.24	3.01	2.85	2.74	2.66	2.59	2.54	2.49	2.42	2.35	2.28	2.24	2.19	2.15	2.11	2.06	2.01
17	4.45	3.59	3.20	2.96	2.81	2.70	2.61	2.55	2.49	2.45	2.38	2.31	2.23	2.19	2.15	2.10	2.06	2.01	1.96
18	4.41	3.55	3.16	2.93	2.77	2.66	2.58	2.51	2.46	2.41	2.34	2.27	2.19	2.15	2.11	2.06	2.02	1.97	1.92
19	4.38	3.52	3.13	2.90	2.74	2.63	2.54	2.48	2.42	2.38	2.31	2.23	2.16	2.11	2.07	2.03	1.98	1.93	1.88
20	4.35	3.49	3.10	2.87	2.71	2.60	2.51	2.45	2.39	2.35	2.28	2.20	2.12	2.08	2.04	1.99	1.95	1.90	1.84
21	4.32	3.47	3.07	2.84	2.68	2.57	2.49	2.42	2.37	2.32	2.25	2.18	2.10	2.05	2.01	1.96	1.92	1.87	1.81
22	4.30	3.44	3.05	2.82	2.66	2.55	2.46	2.40	2.34	2.30	2.23	2.15	2.07	2.03	1.98	1.94	1.89	1.84	1.78
23	4.28	3.42	3.03	2.80	2.64	2.53	2.44	2.37	2.32	2.27	2.20	2.13	2.05	2.01	1.96	1.91	1.86	1.81	1.76
24	4.26	3.40	3.01	2.78	2.62	2.51	2.42	2.36	2.30	2.25	2.18	2.11	2.03	1.98	1.94	1.89	1.84	1.79	1.73
25	4.24	3.39	2.99	2.76	2.60	2.49	2.40	2.34	2.28	2.24	2.16	2.09	2.01	1.96	1.92	1.87	1.82	1.77	1.71
26	4.23	3.37	2.98	2.74	2.59	2.47	2.39	2.32	2.27	2.22	2.15	2.07	1.99	1.95	1.90	1.85	1.80	1.75	1.69
27	4.21	3.35	2.96	2.73	2.57	2.46	2.37	2.31	2.25	2.20	2.13	2.06	1.97	1.93	1.88	1.84	1.79	1.73	1.67
28	4.20	3.34	2.95	2.71	2.56	2.45	2.36	2.29	2.24	2.19	2.12	2.04	1.96	1.91	1.87	1.82	1.77	1.71	1.65
29	4.18	3.33	2.93	2.70	2.55	2.43	2.35	2.28	2.22	2.18	2.10	2.03	1.94	1.90	1.85	1.81	1.75	1.70	1.64
30	4.17	3.32	2.92	2.69	2.53	2.42	2.33	2.27	2.21	2.16	2.09	2.01	1.93	1.89	1.84	1.79	1.74	1.68	1.62
40	4.08	3.23	2.84	2.61	2.45	2.34	2.25	2.18	2.12	2.08	2.00	1.92	1.84	1.79	1.74	1.69	1.64	1.58	1.51
60	4.00	3.15	2.76	2.53	2.37	2.25	2.17	2.10	2.04	1.99	1.92	1.84	1.75	1.70	1.65	1.59	1.53	1.47	1.39
120	3.92	3.07	2.68	2.45	2.29	2.17	2.09	2.02	1.96	1.91	1.83	1.75	1.66	1.61	1.55	1.50	1.43	1.35	1.25
∞	3.84	3.00	2.60	2.37	2.21	2.10	2.01	1.94	1.88	1.83	1.75	1.67	1.57	1.52	1.46	1.39	1.32	1.22	1.00

$\alpha=0.025$

n_2 \ n_1	1	2	3	4	5	6	7	8	9	10	12	15	20	24	30	40	60	120	∞
1	647.8	799.5	864.2	899.6	921.8	937.1	948.2	956.7	963.3	968.6	976.7	984.9	993.1	997.2	1001	1006	1010	1014	1018
2	38.51	39.00	39.17	39.25	39.30	39.33	39.36	39.37	39.39	39.40	39.41	39.43	39.45	39.46	39.46	39.47	39.48	39.49	39.50
3	17.44	16.04	15.44	15.10	14.88	14.73	14.62	14.54	14.47	14.42	14.34	14.25	14.17	14.12	14.08	14.04	13.99	13.95	13.90
4	12.22	10.65	9.98	9.60	9.36	9.20	9.07	8.98	8.90	8.84	8.75	8.66	8.56	8.51	8.46	8.41	8.36	8.31	8.26
5	10.01	8.43	7.76	7.39	7.15	6.98	6.85	6.76	6.68	6.62	6.52	6.43	6.33	6.28	6.23	6.18	6.12	6.07	6.02
6	8.81	7.26	6.60	6.23	5.99	5.82	5.70	5.60	5.52	5.46	5.37	5.27	5.17	5.12	5.07	5.01	4.96	4.90	4.85
7	8.07	6.54	5.89	5.52	5.29	5.12	4.99	4.90	4.82	4.76	4.67	4.57	4.47	4.42	4.36	4.31	4.25	4.20	4.14
8	7.57	6.06	5.42	5.05	4.82	4.65	4.53	4.43	4.36	4.30	4.20	4.10	4.00	3.95	3.89	3.84	3.78	3.73	3.67
9	7.21	5.71	5.08	4.72	4.48	4.32	4.20	4.10	4.03	3.96	3.87	3.77	3.67	3.61	3.56	3.51	3.45	3.39	3.33
10	6.94	5.46	4.83	4.47	4.24	4.07	3.95	3.85	3.78	3.72	3.62	3.52	3.42	3.37	3.31	3.26	3.20	3.14	3.08
11	6.72	5.26	4.63	4.28	4.04	3.88	3.76	3.66	3.59	3.53	3.43	3.33	3.23	3.17	3.12	3.06	3.00	2.94	2.88
12	6.55	5.10	4.47	4.12	3.89	3.73	3.61	3.51	3.44	3.37	3.28	3.18	3.07	3.02	2.96	2.91	2.85	2.79	2.72
13	6.41	4.97	4.35	4.00	3.77	3.60	3.48	3.39	3.31	3.25	3.15	3.05	2.95	2.89	2.84	2.78	2.72	2.66	2.60
14	6.30	4.86	4.24	3.89	3.66	3.50	3.38	3.29	3.21	3.15	3.05	2.95	2.84	2.79	2.73	2.67	2.61	2.55	2.49
15	6.20	4.77	4.15	3.80	3.58	3.41	3.29	3.20	3.12	3.06	2.96	2.86	2.76	2.70	2.64	2.59	2.52	2.46	2.40
16	6.12	4.69	4.08	3.73	3.50	3.34	3.22	3.12	3.05	2.99	2.89	2.79	2.68	2.63	2.57	2.51	2.45	2.38	2.32
17	6.04	4.62	4.01	3.66	3.44	3.28	3.16	3.06	2.98	2.92	2.82	2.72	2.62	2.56	2.50	2.44	2.38	2.32	2.25
18	5.98	4.56	3.95	3.61	3.38	3.22	3.10	3.01	2.93	2.87	2.77	2.67	2.56	2.50	2.44	2.38	2.32	2.26	2.19
19	5.92	4.51	3.90	3.56	3.33	3.17	3.05	2.96	2.88	2.82	2.72	2.62	2.51	2.45	2.39	2.33	2.27	2.20	2.13
20	5.87	4.46	3.86	3.51	3.29	3.13	3.01	2.91	2.84	2.77	2.68	2.57	2.46	2.41	2.35	2.29	2.22	2.16	2.09
21	5.83	4.42	3.82	3.48	3.25	3.09	2.97	2.87	2.80	2.73	2.64	2.53	2.42	2.37	2.31	2.25	2.18	2.11	2.04
22	5.79	4.38	3.78	3.44	3.22	3.05	2.93	2.84	2.76	2.70	2.60	2.50	2.39	2.33	2.27	2.21	2.14	2.08	2.00
23	5.75	4.35	3.75	3.41	3.18	3.02	2.90	2.81	2.73	2.67	2.57	2.47	2.36	2.30	2.24	2.18	2.11	2.04	1.97
24	5.72	4.32	3.72	3.38	3.15	2.99	2.87	2.78	2.70	2.64	2.54	2.44	2.33	2.27	2.21	2.15	2.08	2.01	1.94
25	5.69	4.29	3.69	3.35	3.13	2.97	2.85	2.75	2.68	2.61	2.51	2.41	2.30	2.24	2.18	2.12	2.05	1.98	1.91
26	5.66	4.27	3.67	3.33	3.10	2.94	2.82	2.73	2.65	2.59	2.49	2.39	2.28	2.22	2.16	2.09	2.03	1.95	1.88
27	5.63	4.24	3.65	3.31	3.08	2.92	2.80	2.71	2.63	2.57	2.47	2.36	2.25	2.19	2.13	2.07	2.00	1.93	1.85
28	5.61	4.22	3.63	3.29	3.06	2.90	2.78	2.69	2.61	2.55	2.45	2.34	2.23	2.17	2.11	2.05	1.98	1.91	1.83
29	5.59	4.20	3.61	3.27	3.04	2.88	2.76	2.67	2.59	2.53	2.43	2.32	2.21	2.15	2.09	2.03	1.96	1.89	1.81
30	5.57	4.18	3.59	3.25	3.03	2.87	2.75	2.65	2.57	2.51	2.41	2.31	2.20	2.14	2.07	2.01	1.94	1.87	1.79
40	5.42	4.05	3.46	3.13	2.90	2.74	2.62	2.53	2.45	2.39	2.29	2.18	2.07	2.01	1.94	1.88	1.80	1.72	1.64
60	5.29	3.93	3.34	3.01	2.79	2.63	2.51	2.41	2.33	2.27	2.17	2.06	1.94	1.88	1.82	1.74	1.67	1.58	1.48
120	5.15	3.80	3.23	2.89	2.67	2.52	2.39	2.30	2.22	2.16	2.05	1.94	1.82	1.76	1.69	1.61	1.53	1.43	1.31
∞	5.02	3.69	3.12	2.79	2.57	2.41	2.29	2.19	2.11	2.05	1.94	1.83	1.71	1.64	1.57	1.48	1.39	1.27	1.00

（续表）

$\alpha=0.01$

n_2 \ n_1	1	2	3	4	5	6	7	8	9	10	12	15	20	24	30	40	60	120	∞
1	4 052	4 999.5	5 403	5 625	5 764	5 859	5 928	5 982	6 022	6 055	6 106	6 157	6 209	6 235	6 261	6 287	6 313	6 339	6 366
2	98.50	99.00	99.17	99.25	99.30	99.33	99.36	99.37	99.39	99.40	99.42	99.43	99.45	99.46	99.47	99.47	99.48	99.49	99.50
3	34.12	30.82	29.46	28.71	28.24	27.91	27.67	27.49	27.35	27.23	27.05	26.87	26.69	26.60	26.50	26.41	26.32	26.22	26.13
4	21.20	18.00	16.69	15.98	15.52	15.21	14.98	14.80	14.66	14.55	14.37	14.20	14.02	13.93	13.84	13.75	13.65	13.56	13.46
5	16.26	13.27	12.06	11.39	10.97	10.67	10.46	10.29	10.16	10.05	9.89	9.72	9.55	9.47	9.38	9.29	9.20	9.11	9.02
6	13.75	10.92	9.78	9.15	8.75	8.47	8.26	8.10	7.98	7.87	7.72	7.56	7.40	7.31	7.23	7.14	7.06	6.97	6.88
7	12.25	9.55	8.45	7.85	7.46	7.19	6.99	6.84	6.72	6.62	6.47	6.31	6.16	6.07	5.99	5.91	5.82	5.74	5.65
8	11.26	8.65	7.59	7.01	6.63	6.37	6.18	6.03	5.91	5.81	5.67	5.52	5.36	5.08	5.20	5.12	5.03	4.95	4.86
9	10.56	8.02	6.99	6.42	6.06	5.80	5.61	5.47	5.35	5.26	5.11	4.96	4.81	4.73	4.65	4.57	4.48	4.40	4.31
10	10.04	7.56	6.55	5.99	5.64	5.39	5.20	5.06	4.94	4.85	4.71	4.56	4.41	4.33	4.25	4.17	4.08	4.00	3.91
11	9.65	7.21	6.22	5.67	5.32	5.07	4.89	4.74	4.63	4.54	4.40	4.25	4.10	4.02	3.94	3.86	3.78	3.69	3.60
12	9.33	6.93	5.95	5.41	5.06	4.82	4.64	4.50	4.39	4.30	4.16	4.01	3.86	3.78	3.70	3.62	3.54	3.45	3.36
13	9.07	6.70	5.74	5.21	4.86	4.62	4.44	4.30	4.19	4.10	3.96	3.82	3.66	3.59	3.51	3.43	3.34	3.25	3.17
14	8.86	6.51	5.56	5.04	4.69	4.46	4.28	4.14	4.03	3.94	3.80	3.66	3.51	3.43	3.35	3.27	3.18	3.09	3.00
15	8.68	6.36	5.42	4.89	4.56	4.32	4.14	4.00	3.89	3.80	3.67	3.52	3.37	3.29	3.21	3.13	3.05	2.96	2.87
16	8.53	6.23	5.29	4.77	4.44	4.20	4.03	3.89	3.78	3.69	3.55	3.41	3.26	3.18	3.10	3.02	2.93	2.84	2.75
17	8.40	6.11	5.18	4.67	4.34	4.10	3.93	3.79	3.68	3.59	3.46	3.31	3.16	3.08	3.00	2.92	2.83	2.75	2.65
18	8.29	6.01	5.09	4.58	4.25	4.01	3.84	3.71	3.60	3.51	3.37	3.23	3.08	3.00	2.92	2.84	2.75	2.66	2.57
19	8.18	5.93	5.01	4.50	4.17	3.94	3.77	3.63	3.52	3.43	3.30	3.15	3.00	2.92	2.84	2.76	2.67	2.58	2.49
20	8.10	5.85	4.94	4.43	4.10	3.87	3.70	3.56	3.46	3.37	3.23	3.09	2.94	2.86	2.78	2.69	2.61	2.52	2.42
21	8.02	5.78	4.87	4.37	4.04	3.81	3.64	3.51	3.40	3.31	3.17	3.03	2.88	2.80	2.72	2.64	2.55	2.46	2.36
22	7.95	5.72	4.82	4.31	3.99	3.76	3.59	3.45	3.35	3.26	3.12	2.98	2.83	2.75	2.67	2.58	2.50	2.40	2.31
23	7.88	5.66	4.76	4.26	3.94	3.71	3.54	3.41	3.30	3.21	3.07	2.93	2.78	2.70	2.62	2.54	2.45	2.35	2.26
24	7.82	5.61	4.72	4.22	3.90	3.67	3.50	3.36	3.26	3.17	3.03	2.89	2.74	2.66	2.58	2.49	2.40	2.31	2.21
25	7.77	5.57	4.68	4.18	3.85	3.63	3.46	3.32	3.22	3.13	2.99	2.85	2.70	2.62	2.54	2.45	2.36	2.27	2.17
26	7.72	5.53	4.64	4.14	3.82	3.59	3.42	3.29	3.18	3.09	2.96	2.81	2.66	2.58	2.50	2.42	0.33	2.23	2.13
27	7.68	5.49	4.60	4.11	3.78	3.59	3.39	3.26	3.15	3.06	2.93	2.78	2.63	2.55	2.47	2.38	2.29	2.20	2.10
28	7.64	5.45	4.57	4.07	3.75	3.53	3.36	3.23	3.12	3.03	2.90	2.75	2.60	2.52	2.44	2.35	2.26	2.17	2.06
29	7.60	5.42	4.54	4.04	3.73	3.50	3.33	3.20	3.09	3.00	2.87	2.73	2.57	2.49	2.41	2.33	2.23	2.14	2.03
30	7.56	5.39	4.51	4.02	3.70	3.47	3.30	3.17	3.07	2.98	2.84	2.70	2.55	2.47	2.39	2.30	2.21	2.11	2.01
40	7.31	5.18	4.31	3.83	3.51	3.29	3.12	2.99	2.89	2.80	2.66	2.52	2.37	2.29	2.20	2.11	2.02	1.92	1.80
60	7.08	4.98	4.13	3.65	3.34	3.12	2.95	2.82	2.72	2.63	2.50	2.35	2.20	2.12	2.03	1.94	1.84	1.73	1.60
120	6.85	4.79	3.95	3.48	3.17	2.96	2.79	2.66	2.56	2.47	2.34	2.19	2.03	1.95	1.86	1.76	1.66	1.53	1.38
∞	6.63	4.61	3.78	3.32	3.02	2.80	2.64	2.51	2.41	2.32	2.18	2.04	1.88	1.79	1.70	1.59	1.47	1.32	1.00

$\alpha=0.005$

n_2 \ n_1	1	2	3	4	5	6	7	8	9	10	12	15	20	24	30	40	60	120	∞
1	16 211	20 000	21 625	22 500	23 056	23 437	23 715	23 925	24 091	24 224	24 426	24 630	24 836	24 940	25 044	25 148	25 253	25 359	25 465
2	198.5	199.0	199.2	199.2	199.3	199.3	199.4	199.4	199.4	199.4	199.4	199.4	199.4	199.5	199.5	199.5	199.5	199.5	199.5
3	55.55	49.80	47.47	46.19	45.39	44.84	44.43	44.13	43.88	43.69	43.39	43.08	42.78	42.62	42.47	42.31	42.15	41.99	41.83
4	31.33	26.28	24.26	23.15	22.46	21.97	21.62	21.35	21.14	20.97	20.70	20.44	20.17	20.03	19.89	19.75	19.61	19.47	19.32
5	22.78	18.31	16.53	15.56	14.94	14.51	14.20	13.96	13.77	13.62	13.38	13.15	12.90	12.78	12.66	12.53	12.40	12.27	12.14
6	18.63	14.54	12.92	12.03	11.46	11.07	10.79	10.57	10.39	10.25	10.03	9.81	9.59	9.47	9.36	9.24	9.12	9.00	8.88
7	16.24	12.40	10.88	10.05	9.52	9.16	8.89	8.68	8.51	8.38	8.18	7.97	7.75	7.65	7.53	7.42	7.31	7.19	7.08
8	14.69	11.04	9.60	8.81	8.30	7.95	7.69	7.50	7.34	7.21	7.01	6.81	6.61	6.50	6.40	6.29	6.18	6.06	5.95
9	13.61	10.11	8.72	7.96	7.47	7.13	6.88	6.69	6.54	6.42	6.23	6.03	5.83	5.73	5.62	5.52	5.41	5.30	5.19
10	12.83	9.43	8.08	7.34	6.87	6.54	6.30	6.12	5.97	5.85	5.66	5.47	5.27	5.17	5.07	4.97	4.86	4.75	4.64
11	12.23	8.91	7.60	6.88	6.42	6.10	5.86	5.68	5.54	5.42	5.24	5.05	4.86	4.76	4.65	4.55	4.44	4.34	4.23
12	11.75	8.51	7.23	6.52	6.07	5.76	5.52	5.35	5.20	5.09	4.91	4.72	4.53	4.43	4.33	4.23	4.12	4.01	3.90
13	11.37	8.19	6.93	6.23	5.79	5.48	5.25	5.08	4.94	4.82	4.64	4.46	4.27	4.17	4.07	3.97	3.87	3.76	3.65
14	11.06	7.92	6.68	6.00	5.56	5.26	5.03	4.86	4.72	4.60	4.43	4.25	4.06	3.96	3.86	3.76	3.66	3.55	3.44
15	10.80	7.70	6.48	5.80	5.37	5.07	4.85	4.67	4.54	4.42	4.25	4.07	3.88	3.79	3.69	3.58	3.48	3.37	3.26
16	10.58	7.51	6.30	5.64	5.21	4.91	4.69	4.52	4.38	4.27	4.10	3.92	3.73	3.64	3.54	3.44	3.33	3.22	3.11
17	10.38	7.35	6.16	5.50	5.07	4.78	4.56	4.39	4.25	4.14	3.97	3.79	3.61	3.51	3.41	3.31	3.21	3.10	2.98
18	10.22	7.21	6.03	5.37	4.96	4.66	4.44	4.28	4.14	4.03	3.86	3.68	3.50	3.40	3.30	3.20	3.10	2.99	2.87
19	10.07	7.09	5.92	5.27	4.85	4.56	4.34	4.18	4.04	3.93	3.76	3.59	3.40	3.31	3.21	3.11	3.00	2.89	2.78
20	9.94	6.99	5.82	5.17	4.76	4.47	4.26	4.09	3.96	3.85	3.68	3.50	3.32	3.22	3.12	3.02	2.92	2.81	2.69

（续表）

n_1 n_2	1	2	3	4	5	6	7	8	9	10	12	15	20	24	30	40	60	120	∞
21	9.83	6.89	5.72	5.09	4.68	4.39	4.18	4.01	3.88	3.77	3.60	3.43	3.24	3.15	3.05	2.95	2.84	2.73	2.61
22	9.73	6.81	5.65	5.02	4.61	4.32	4.11	3.94	3.81	3.70	3.54	3.36	3.18	3.08	2.98	2.88	2.77	2.66	2.55
23	9.63	6.73	5.58	4.95	4.54	4.26	4.05	3.88	3.75	3.64	3.47	3.30	3.12	3.02	2.92	2.82	2.71	2.60	2.48
24	9.55	6.66	5.52	4.89	4.49	4.20	3.99	3.83	3.69	3.59	3.42	3.25	3.06	2.97	2.87	2.77	2.66	2.55	2.43
25	9.48	6.60	5.46	4.84	4.43	4.15	3.94	3.78	3.64	3.54	3.37	3.20	3.01	2.92	2.82	2.72	2.61	2.50	2.38
26	9.41	6.54	5.41	4.79	4.38	4.10	3.89	3.73	3.60	3.49	3.33	3.15	2.97	2.87	2.77	2.67	2.56	2.45	2.33
27	9.34	6.49	5.36	4.74	4.34	4.06	3.85	3.69	3.56	3.45	3.28	3.11	2.93	2.83	2.73	2.63	2.53	2.41	2.29
28	9.28	6.44	5.32	4.70	4.30	4.02	3.81	3.65	3.52	3.41	3.25	3.07	2.89	2.79	2.69	2.59	2.48	2.37	2.25
29	9.23	6.40	5.28	4.66	4.26	3.98	3.77	3.61	3.48	3.38	3.21	3.04	2.86	2.76	2.66	2.56	2.45	2.33	2.21
30	9.18	6.35	5.24	4.62	4.23	3.95	3.74	3.58	3.45	3.34	3.18	3.01	2.82	2.73	2.63	2.52	2.42	2.30	2.18
40	8.83	6.07	4.98	4.37	3.99	3.71	3.51	3.35	3.22	3.12	2.95	2.78	22.60	2.50	2.40	2.30	2.18	2.06	1.93
60	8.49	5.79	4.73	4.14	3.76	3.49	3.29	3.13	3.01	2.90	2.74	2.57	2.39	2.29	2.79	2.08	1.96	1.83	1.69
120	8.18	5.54	4.50	3.92	3.55	3.28	3.09	2.93	2.81	2.71	2.54	2.37	2.19	2.09	1.98	1.87	1.75	1.61	1.43
∞	7.88	5.30	4.28	3.72	3.35	3.09	2.90	2.74	2.62	2.52	2.36	2.19	2.00	1.90	1.79	1.67	1.53	1.36	1.00